高等教育“双一流”工程图学类课程教材

土木工程制图习题集

第三版

林国华　许　莉　赵冬香　黄孙灼　等编著

中国教育出版传媒集团
高等教育出版社·北京

内容提要

本习题集是在高等教育出版社2017年出版的林国华等编著《土木工程制图习题集》（第二版）的基础上，根据教育部高等学校工程图学课程教学指导分委员会2019年制订的《高等学校工程图学课程教学基本要求》及高等学校土木工程学科专业指导委员会制订的《高等学校土木工程本科指导性专业规范》，结合多年的教学经验以及使用院校的反馈意见修订而成的。

本习题集与高等教育出版社出版的林国华等编著《土木工程制图》（第三版）配套使用，习题集的编排顺序与主教材一致。主要内容包括投影的基本知识，点和直线的投影，平面的投影，直线与平面、平面与平面的位置关系，投影变换，曲线与曲面，立体，组合体的投影，剖面图和断面图，轴测投影，标高投影，透视投影，制图基础知识和基本技能，计算机绘制工程图，房屋建筑图，道路路线工程图，桥隧涵工程图，水利工程图，结构施工图，给水排水工程图，建筑电气及暖通空调工程图。通过扫描习题集中二维码可浏览习题答案。

本习题集可作为高等学校本科、高职高专土木类及管理科学与工程类等专业制图课程的教材，也可供相关专业工程人员参考。

图书在版编目（CIP）数据

土木工程制图习题集 / 林国华等编著. --3版.

北京：高等教育出版社，2024.8.　--ISBN 978-7-04-062637-7

Ⅰ. TU204-44

中国国家版本馆CIP数据核字第2024QA5817号

Tumu Gongcheng Zhitu Xitiji

策划编辑　李文婷　　责任编辑　李文婷　　封面设计　李卫青　　版式设计　明　艳

责任校对　高　歌　　责任印制　刘思涵

出版发行　高等教育出版社

社　　址　北京市西城区德外大街4号

邮政编码　100120

印　　刷　高教社（天津）印务有限公司

开　　本　787mm×1092mm　1/16

印　　张　12

字　　数　160千字

购书热线　010-58581118

咨询电话　400-810-0598

网　　址　http://www.hep.edu.cn

　　　　　http://www.hep.com.cn

网上订购　http://www.hepmall.com.cn

　　　　　http://www.hepmall.com

　　　　　http://www.hepmall.cn

版　　次　2013年8月第1版

　　　　　2024年8月第3版

印　　次　2024年8月第1次印刷

定　　价　23.60元

物 料 号　62637-00

第三版前言

本习题集是在高等教育出版社出版的林国华等编著《土木工程制图习题集》（第二版）的基础上，根据教育部高等学校工程图学课程教学指导分委员会2019年制订的《高等学校工程图学课程教学基本要求》及高等学校土木工程学科专业指导委员会制订的《高等学校土木工程本科指导性专业规范》，结合多年来的教学经验以及使用院校的反馈意见修订而成的。

本习题集与高等教育出版社出版的林国华等编著《土木工程制图》（第三版）配套使用，习题集编排顺序与主教材一致。本套教材为全国教育科学“十一五”规划课题研究成果。

在修订过程中，注意贯彻最新发布的《房屋建筑制图统一标准》《道路工程制图标准》《水利水电工程制图标准》《建筑给水排水制图标准》等国家标准和相关行业规范、规程。

为了更好地加强基础理论学习并加强基本技能训练，配合教材培养空间想象能力和空间思维能力，本习题集适量地安排了画法几何中的点、线、面、体和透视等有关内容，并选编少量直线与平面及它们之间的平行、相交、垂直等较为复杂的解决定位与量度的综合题。与上一版相比，本次修订删减了透视投影中与量点法相关的练习题。

本习题集内容紧扣教材，选题上由浅入深、由易到难、由简到繁。力求符合认识发展规律，使读图与绘图相结合，抓住基本理论，培养学生对建筑形体的空间想象力和图示能力，并注意培养学生认真负责、一丝不苟的工作作风。学生在解答习题及绘图时，应严格做到：作图准确、图线粗细分明、表达完整、尺寸齐全、字体整齐端正、图面布置均匀合理。

为了使学生熟悉制图标准并加强制图基本技能的训练，画法几何部分的所有习题要求用铅笔绘制；制图基础训练部分设有铅笔图和墨线图，要求学生完成2 ~ 3张A3图幅的铅笔图和少量墨线图练习；专业制图中主要练习内容取材于生产实践，实用性强，要求学生用AutoCAD完成2 ~ 3张A3图幅专业图的练习。

由于土木类及管理科学与工程类各专业教学学时不同，教师可根据教学计划、教学基本要求和教学大纲自行选题。

本习题集由林国华、许莉、赵冬香、黄孙灼等编著。参与本习题集修订工作的有福州大学林国华（第一、十、十一、十二、十五、十六、十七、十八、二十章），黄孙灼（第二、三、四、五章），许莉（第八、十三、十九、二十一章），阳光学院程怡（第六章），林建辉（第十四章），厦门工学院孙伟（第七章），福建理工大学赵冬香（第九章）。

大连理工大学王子茹教授认真、细致地审阅了本习题集，并提出许多宝贵的意见和建议，在此表示衷心的感谢。

由于编著者水平有限，本习题集中一定存在不少错误和不妥之处，恳请读者批评、指正。编著者邮箱：3583596002@qq.com。

编著者
2024年6月

第一版前言

本习题集根据教育部高等学校工程图学教学指导委员会2010年制订的《普通高等学校工程图学课程教学基本要求》及高等学校土木工程学科专业指导委员会制订的《高等学校土木工程本科指导性专业规范》，在人民交通出版社出版的林国华主编《土木工程制图习题集》（第三版）的基础上，结合多年的教学经验重新编写而成。

本习题集与高等教育出版社出版的林国华主编《土木工程制图》教材配套使用，习题编排顺序与主教材一致。本套教材为全国教育科学“十一五”规划课题研究成果。

在编写过程中，注意贯彻新修订的《房屋建筑制图统一标准》、《道路工程制图标准》、《水利水电工程制图标准》、《建筑给水排水制图标准》等国家标准和相关行业规范、规程。

为了更好地加强基础理论学习并加强基本技能训练，配合教材培养空间想象能力和空间思维能力，本习题集适量安排画法几何中的点、线、面、体和透视等有关内容，并选编少量直线与平面及它们之间平行、相交、垂直等较为复杂的解决定位与量度的综合题。

本习题集内容紧扣教材，选题上由浅入深、由易到难、由简到繁，力求符合认识发展规律，使读图与绘图相结合，抓住基本理论，培养学生对建筑形体的空间想象力和图示能力，并注意培养学生认真负责、一丝不苟的工作作风。学生在解答习题及绘图时，应严格做到作图准确、图线粗细分明、表达完整、尺寸齐全、字体整齐端正、图面布置匀称合理。

为了使学生熟悉制图标准并加强制图基本技能的训练，画法几何部分所有习题要求用铅笔绘制；制图基础训练部分设有铅笔图和墨线图，要求学生完成2~3张A3图幅的铅笔图和少量墨线图的练习；专业制图中主要练习内容取材于生产实践，实用性强，要求学生用AutoCAD软件绘制2~3张A3图幅的专业图。

土木类及管理科学与工程类各专业教学学时不同，教师可根据教学计划、教学基本要求和教学大纲自行选题。

本习题集由福州大学林国华任主编，许莉、赵冬香、黄孙灼任副主编。参加编写工作的有福州大学林国华（第一、十、十一、十二、十五、十六、十七、十八、二十章），黄孙灼（第二、三、四、五章），许莉（第八、十三、十九、二十一章），陈忠辉（第十四章），福州大学阳光学院程怡（第六章），华侨大学厦门工学院孙伟（第七章），福建工程学院赵冬香（第九章）。

同济大学郑国权教授认真、细致地审阅了本习题集，并提出了许多宝贵的意见和建议，在此表示衷心感谢。

由于编者水平有限，本习题集中一定存在不少缺点和错误，恳请读者批评、指正，编者邮箱为1123076651@qq.com。

编　者

2013年3月

目　　录

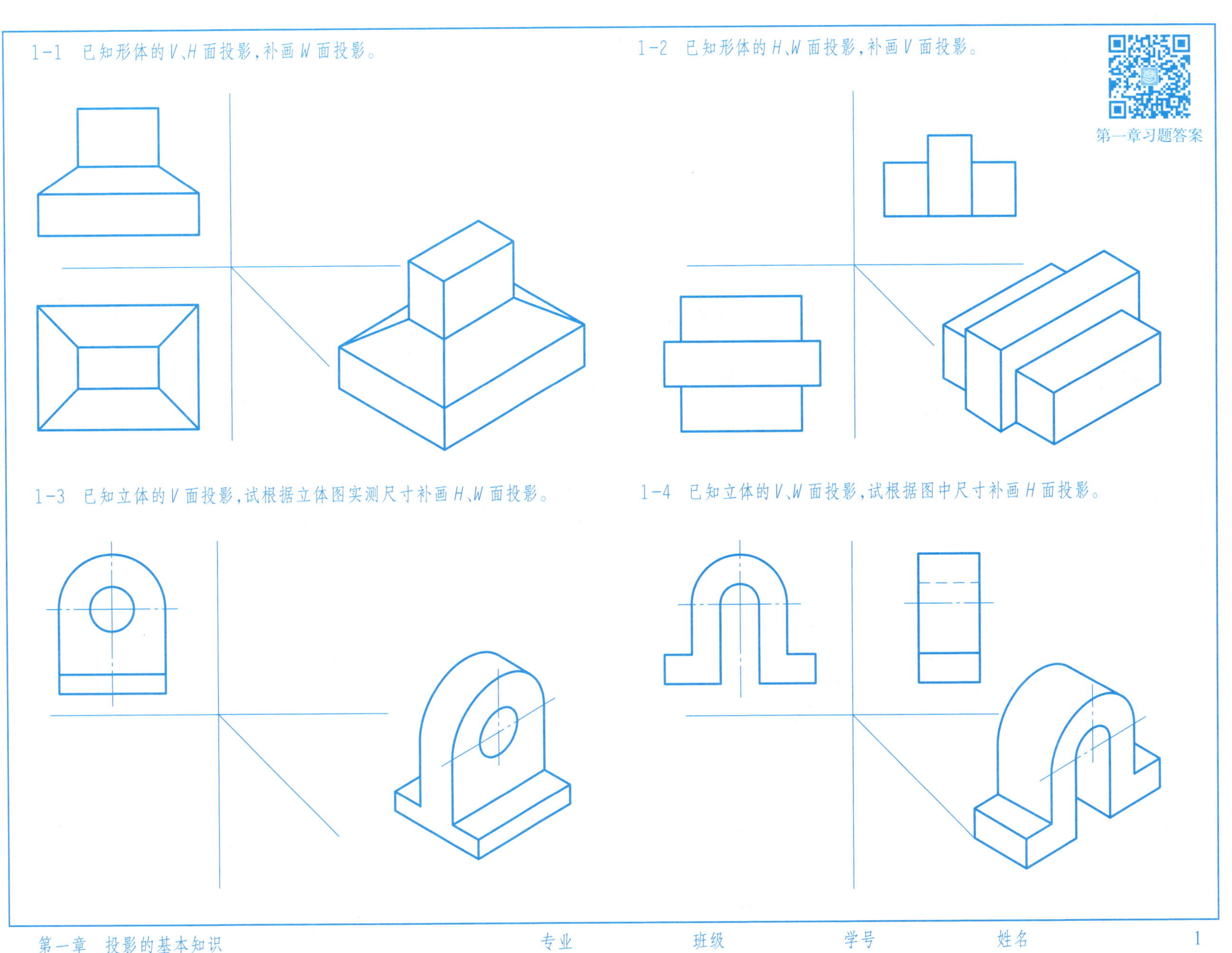
1-1 已知形体的V、H面投影，补画W面投影。
1-2 已知形体的H、W面投影，补画V面投影。
第一章习题答案
1-3 已知立体的V面投影，试根据立体图实测尺寸补画H、W面投影。
1-4 已知立体的V、W面投影，试根据图中尺寸补画H面投影。

1-5 由立体图画出形体的三面投影（本页形体的尺寸大小按 1 : 1 在立体图上量取）。

1-6 由立体图画出形体的三面投影。

1-7 由立体图画出形体的三面投影。

1-8 由立体图画出形体的三面投影。

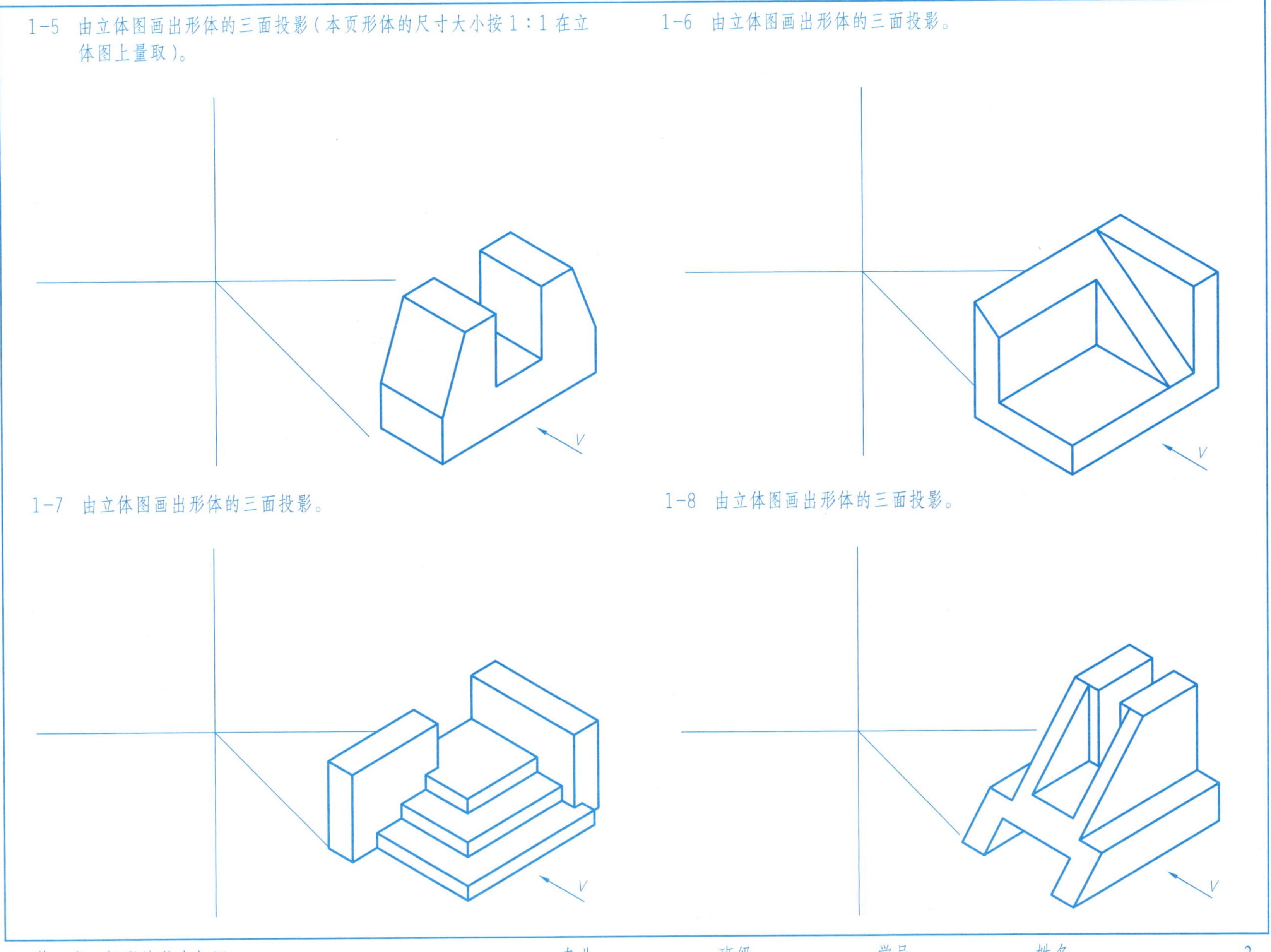

2-1 已知各点的空间位置，试作其投影（尺寸直接从立体图中量取）。

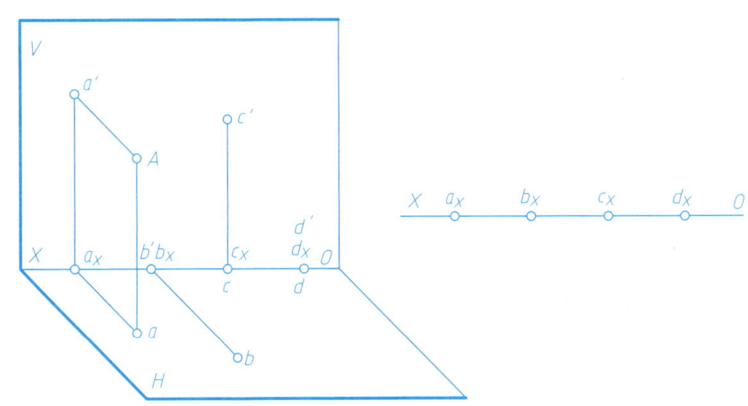

2-2 已知点 B 在点 A 的右方 5，前方 12，下方 10，点 C 在点 A 的正前方 8，作出 B、C 的投影（单位：mm）。

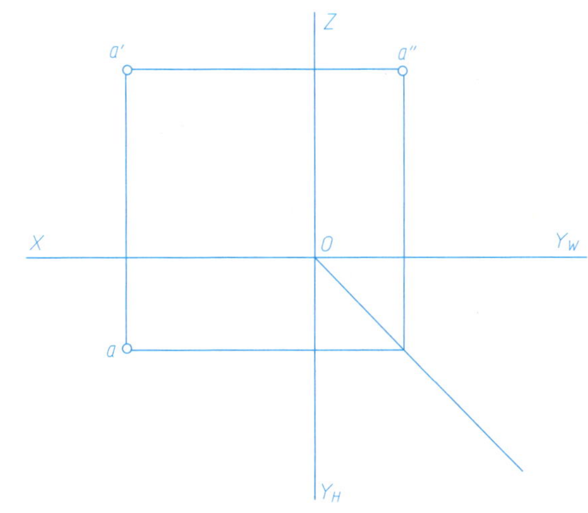

2-3 已知 A、B、C、D 各点的三面投影，试判断其相对位置，填写：A 在 B 之（　　）_____，A 在 C 之（　　）_____，A 在 D 之（　　）_____。

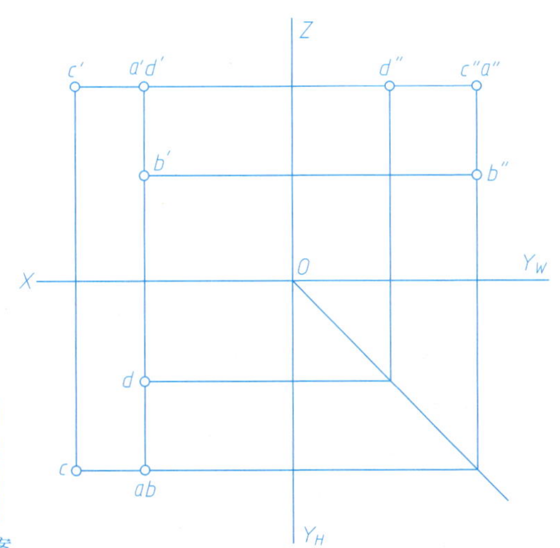

2-4 已知三棱锥的两面投影，求第三面投影，并判断各棱线相对投影面的位置。

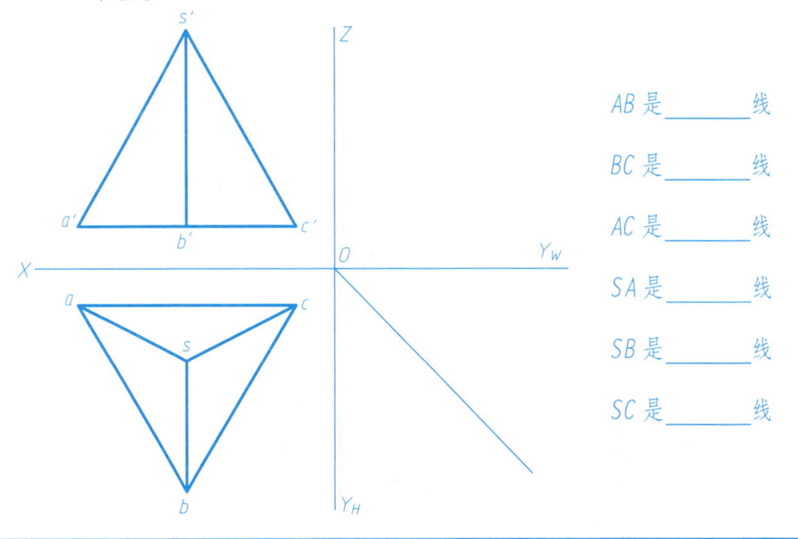

AB 是______线

BC 是______线

AC 是______线

SA 是______线

SB 是______线

SC 是______线

第二章习题答案

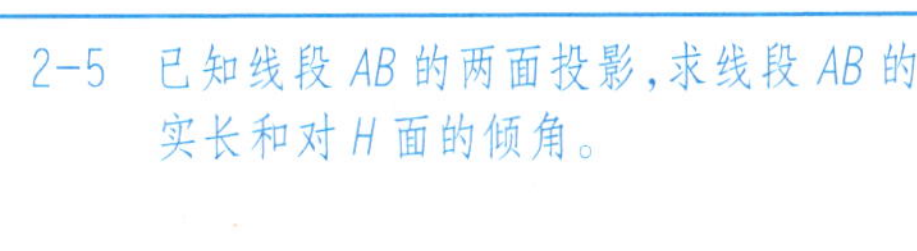

2-5 已知线段 AB 的两面投影，求线段 AB 的实长和对 H 面的倾角。

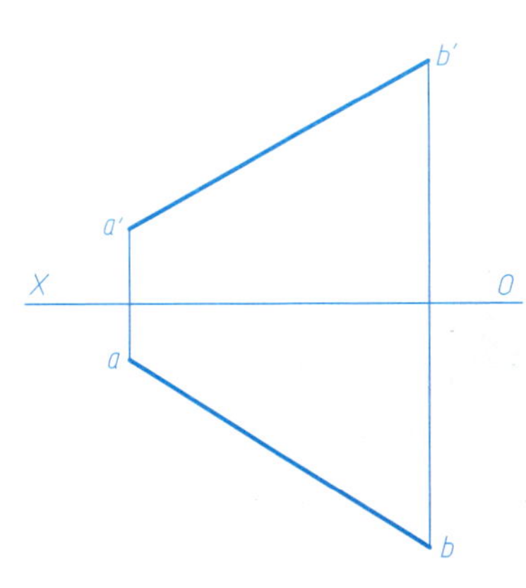

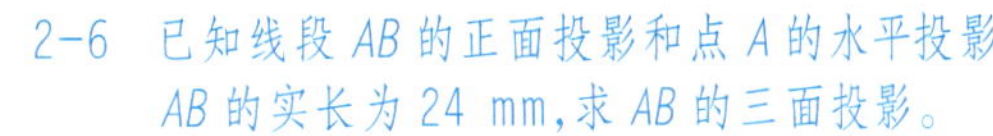

2-6 已知线段 AB 的正面投影和点 A 的水平投影，AB 的实长为 24 mm，求 AB 的三面投影。

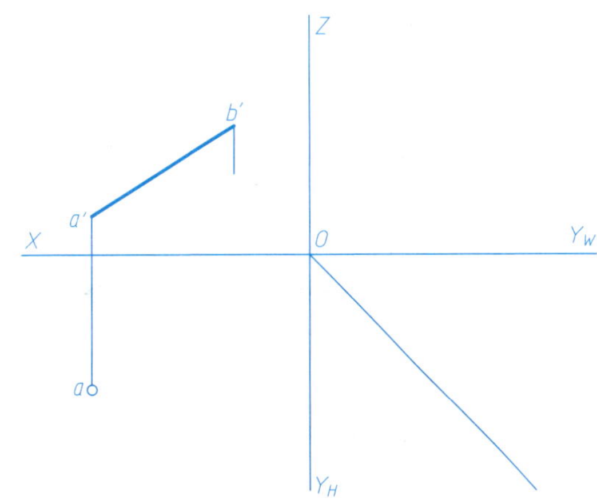

2-7 点 K 在直线 AB 上，已知 k，求作 k'。

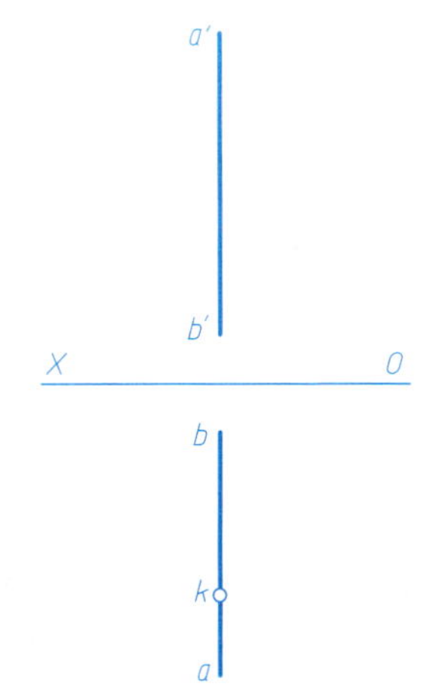

2-8 已知直线的迹点 M、N 的投影 m、n'，求作此直线，并求线段 MN 的实长。

2-9 求直线 AB 的迹点。

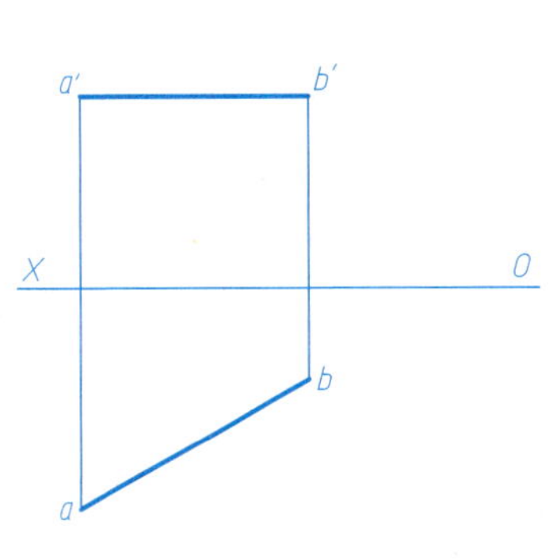

2-10 正平线 AB 距 V 面 20 mm，试求 ab、$a''b''$ 及其在 H、W 面上的迹点。

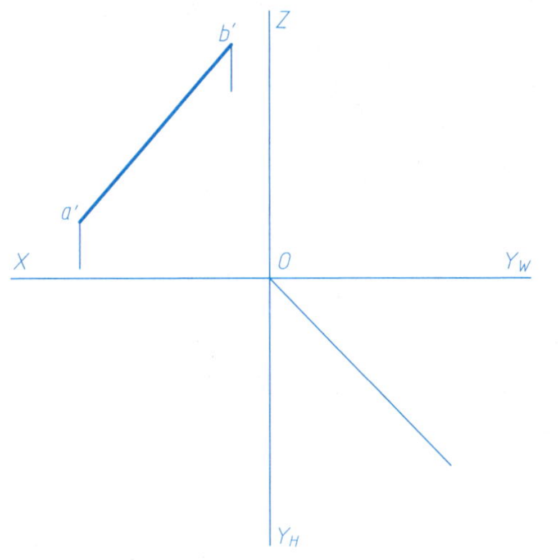

2-11 在直线 *AB* 上求一点 *P*,使点 *P* 与 *H*、*V* 面的距离相等。

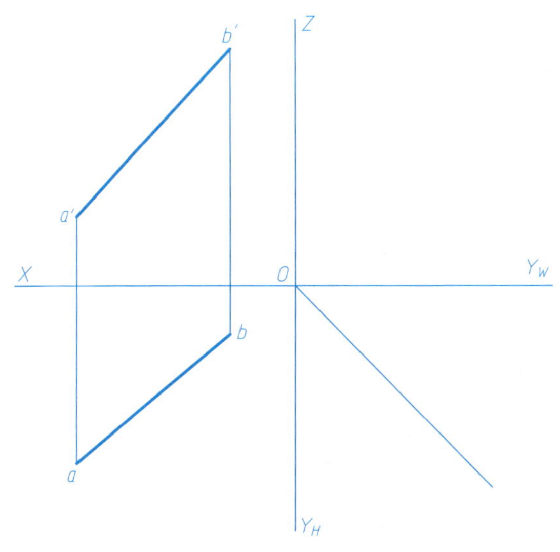

2-12 正平线 *AB*//*CD*,且已知它们相距 15 mm,求作 *c′d′*。可以有几解?

2-13 判别 *AB* 和 *CD* 两直线的相对位置(平行、相交、交叉)。

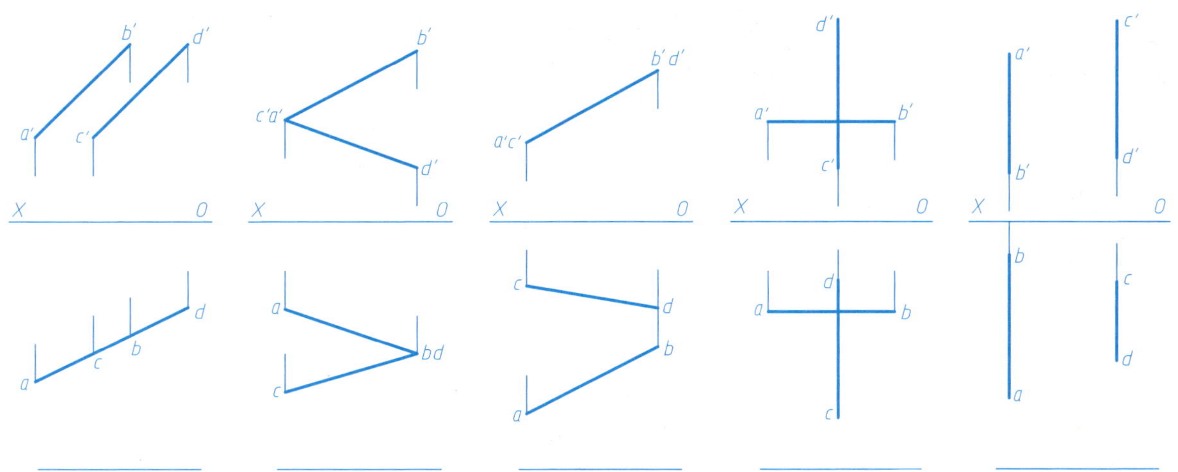

2-14 已知两直线 *AB*、*CD* 相交,*CD* 为一水平线,求作 *c′d′*。

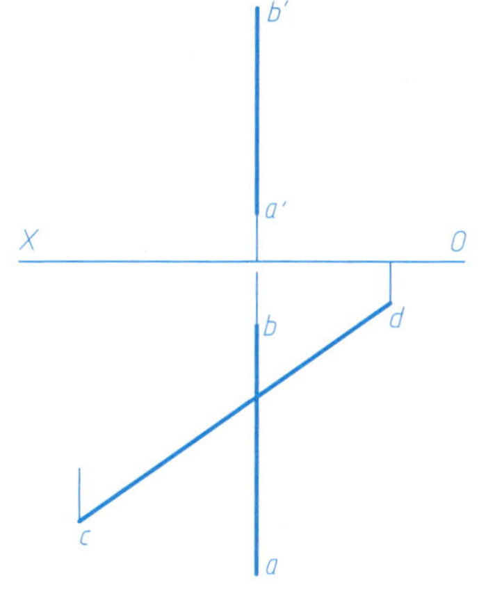

2-15 试求两交叉直线重影点的投影，并判别可见性。

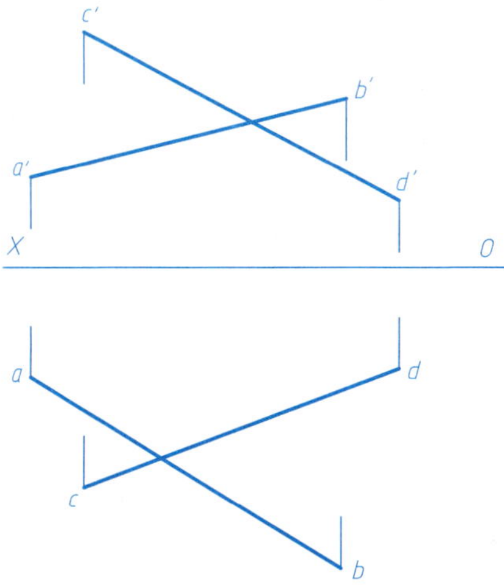

2-16 过点 K 作一直线与 AB 相交，使交点 M 与 V 面、H 面等距离。

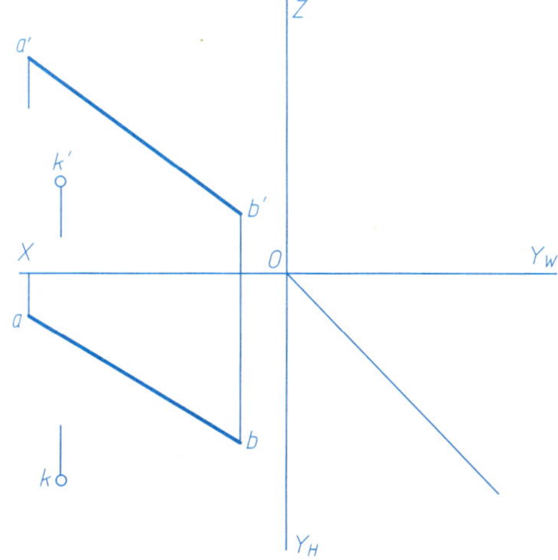

2-17 求 AB 及 CD 两交叉直线之间的距离。

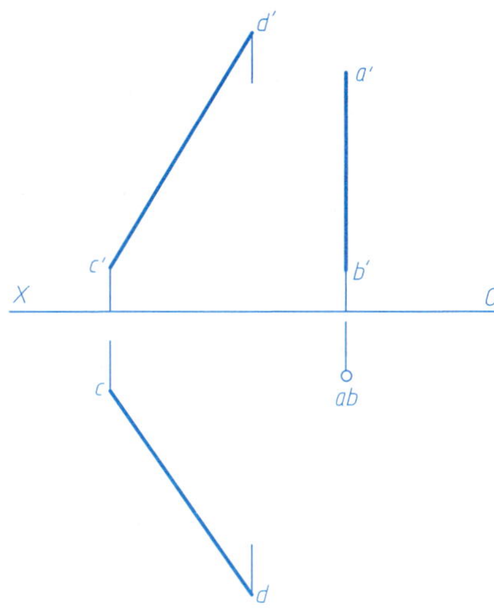

2-18 已知 AC 为水平线，作出等腰三角形 ABC(B 为顶点)的水平投影。

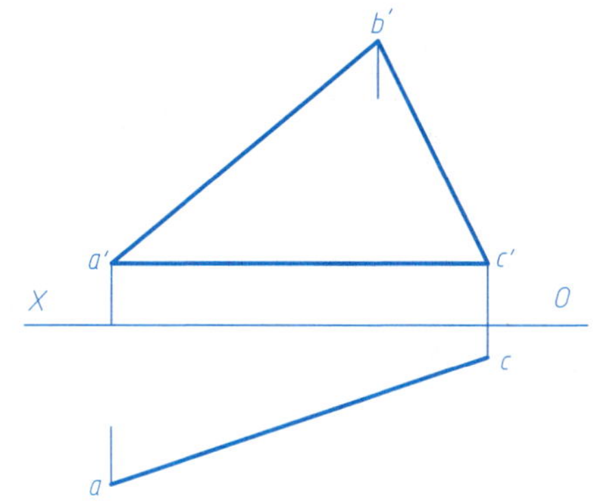

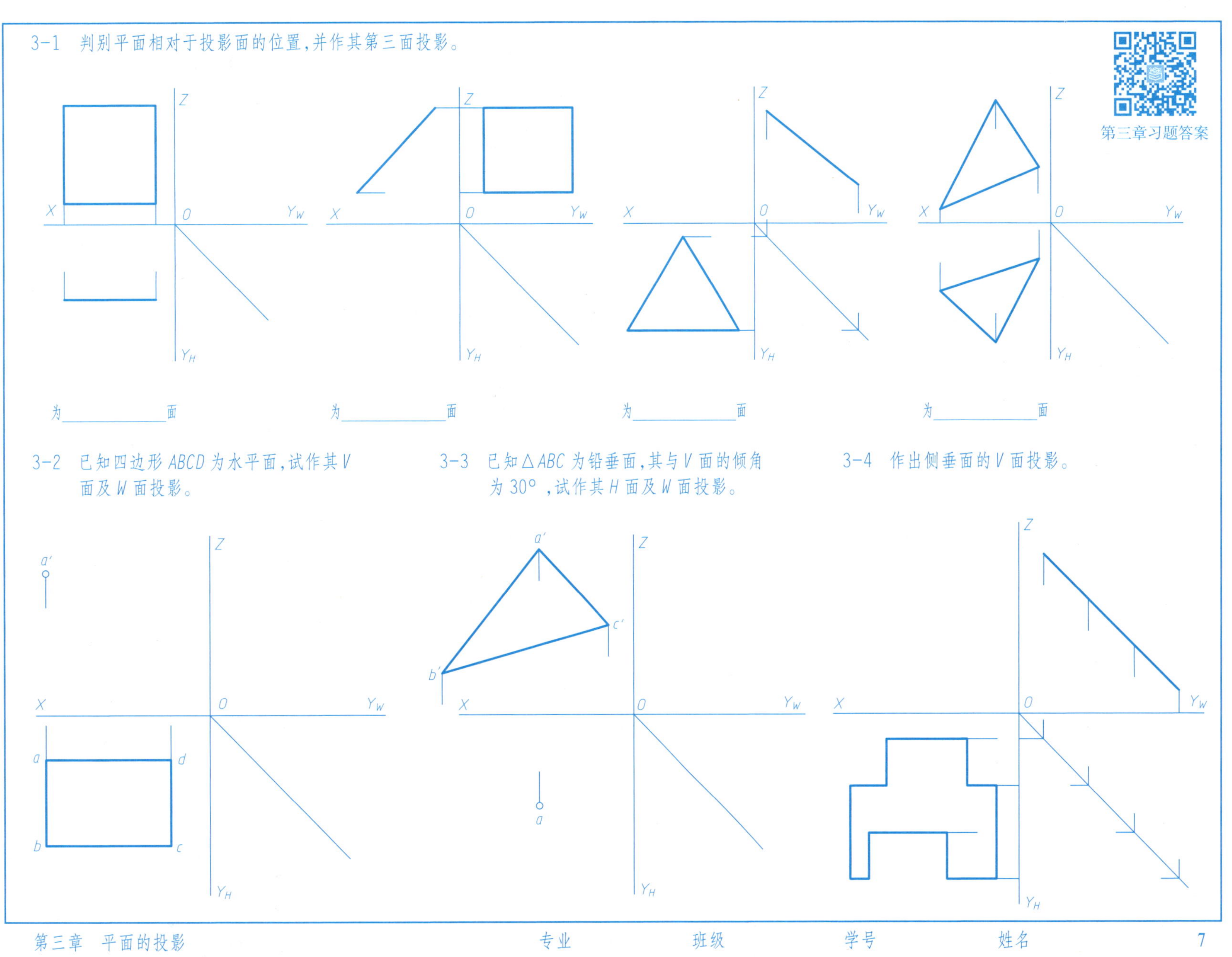

3-1 判别平面相对于投影面的位置，并作其第三面投影。

为__________面　为__________面　为__________面　为__________面

3-2 已知四边形 ABCD 为水平面，试作其 V 面及 W 面投影。

3-3 已知△ABC 为铅垂面，其与 V 面的倾角为 30°，试作其 H 面及 W 面投影。

3-4 作出侧垂面的 V 面投影。

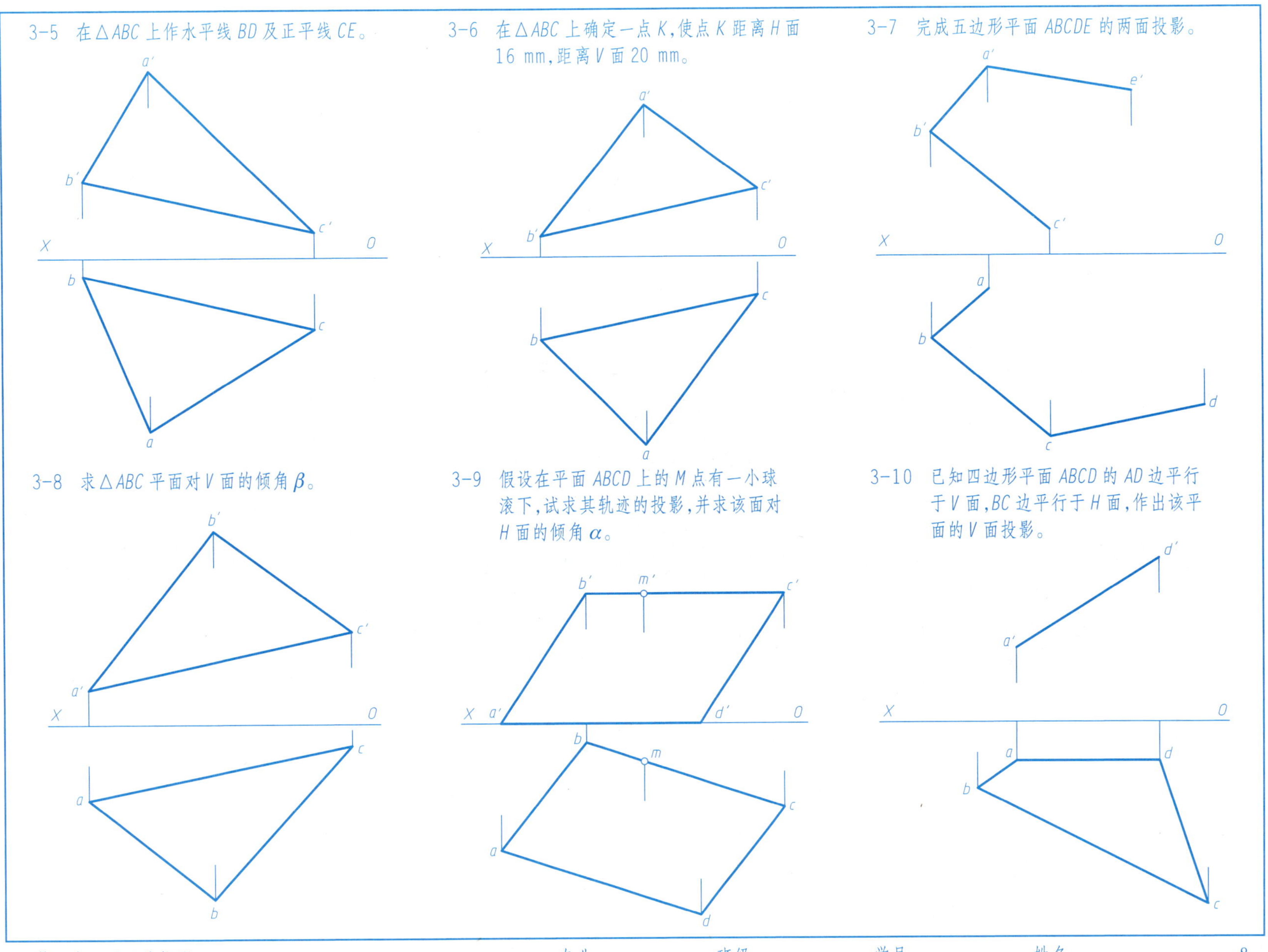
3-5 在△ABC上作水平线BD及正平线CE。
3-6 在△ABC上确定一点K，使点K距离H面16 mm，距离V面20 mm。
3-7 完成五边形平面ABCDE的两面投影。
3-8 求△ABC平面对V面的倾角β。
3-9 假设在平面ABCD上的M点有一小球滚下，试求其轨迹的投影，并求该面对H面的倾角α。
3-10 已知四边形平面ABCD的AD边平行于V面，BC边平行于H面，作出该平面的V面投影。

3-11 已知平面的水平投影及平面上部分线段的正面投影，试完成平面的正面投影。

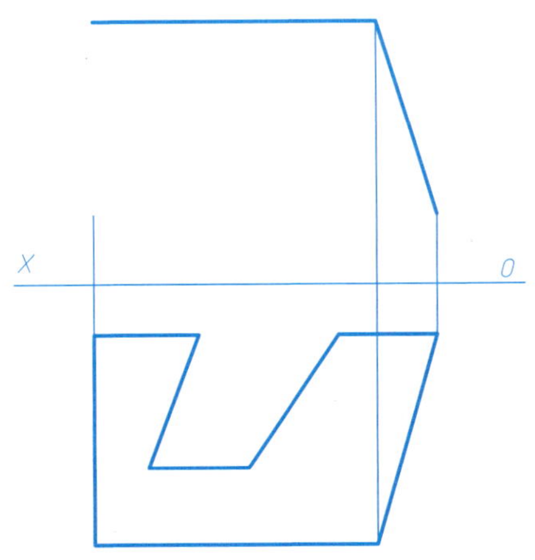

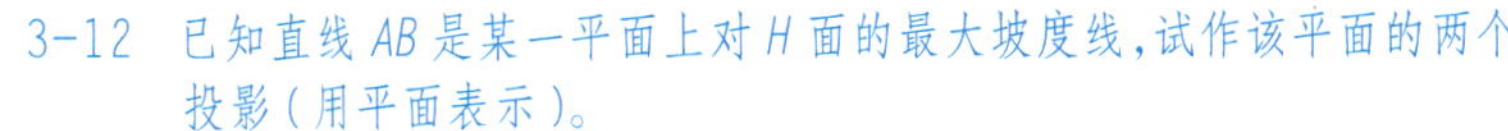
3-12 已知直线 AB 是某一平面上对 H 面的最大坡度线，试作该平面的两个投影（用平面表示）。

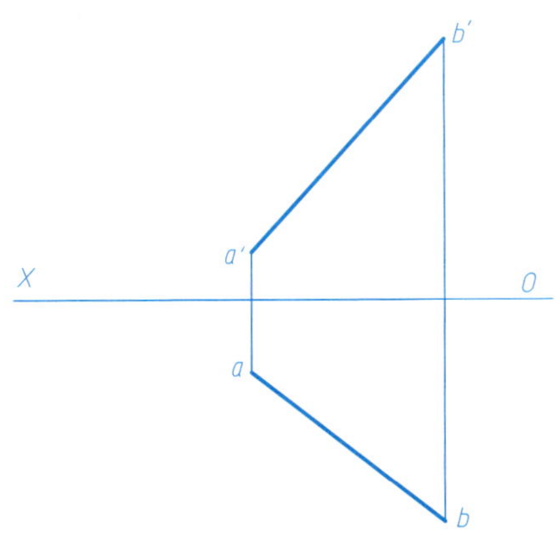

3-13 求平面△ABC 的 H 面及 V 面迹线。

3-14 已知迹线平面上点 A 的投影 a'，求投影 a。

3-15 在平面上确定一点 K，使点 K 距离 H 面 16 mm，距离 V 面 12 mm。

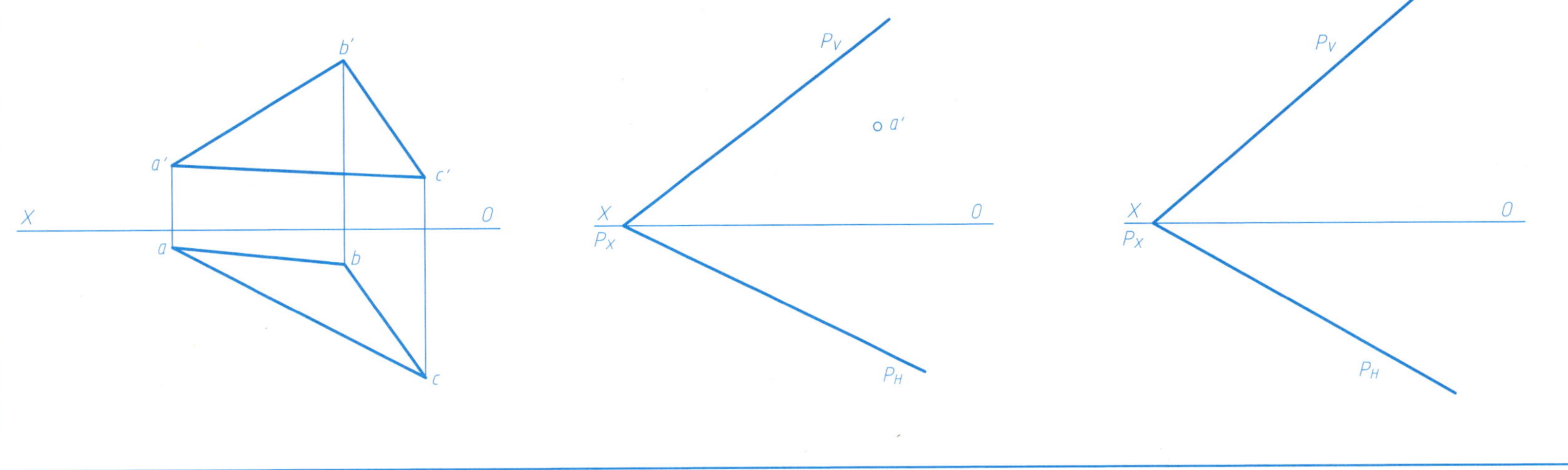

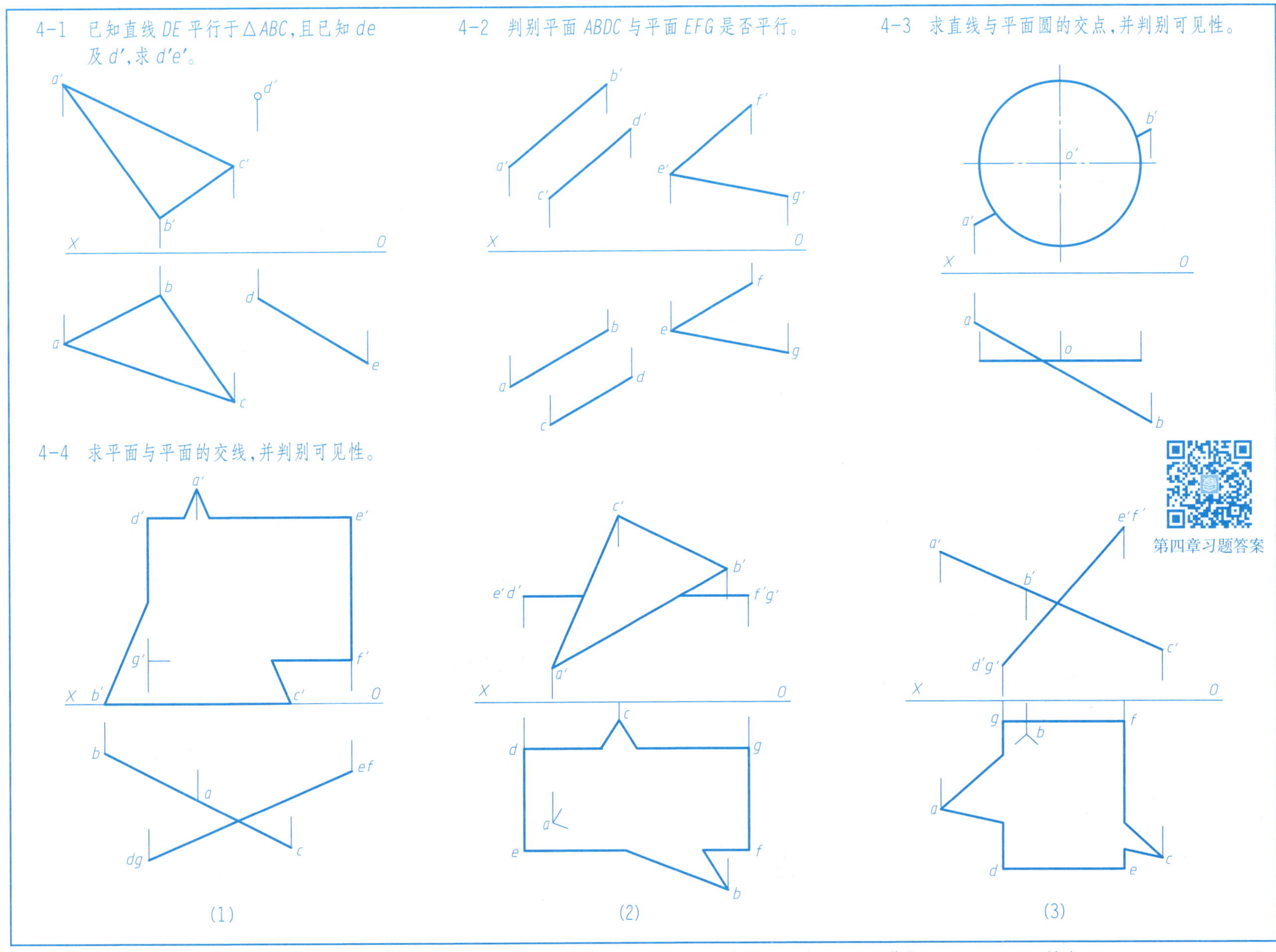

4-1　已知直线 DE 平行于 $\triangle ABC$，且已知 de 及 d'，求 $d'e'$。

4-2　判别平面 $ABDC$ 与平面 EFG 是否平行。

4-3　求直线与平面圆的交点，并判别可见性。

4-4　求平面与平面的交线，并判别可见性。

(1)　　(2)　　(3)

第四章习题答案

4-5 求直线 AB 与平面 DEF 的交点，并判别直线 AB 的可见性。

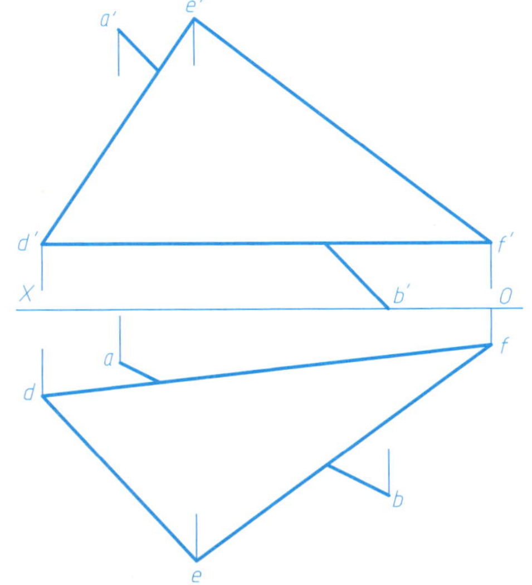

4-6 求直线 AB 与平面 CDEF 的交点，并判别直线 AB 的可见性。

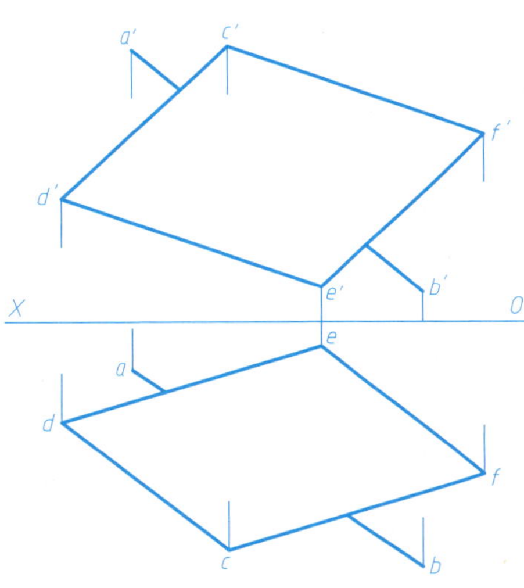

4-7 求两平面的交线，并判别可见性。

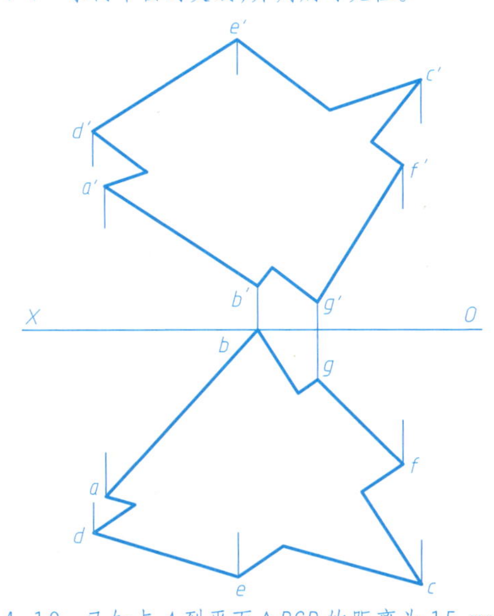

4-8 求平面 ABCD 与平面 EFG 的交线。

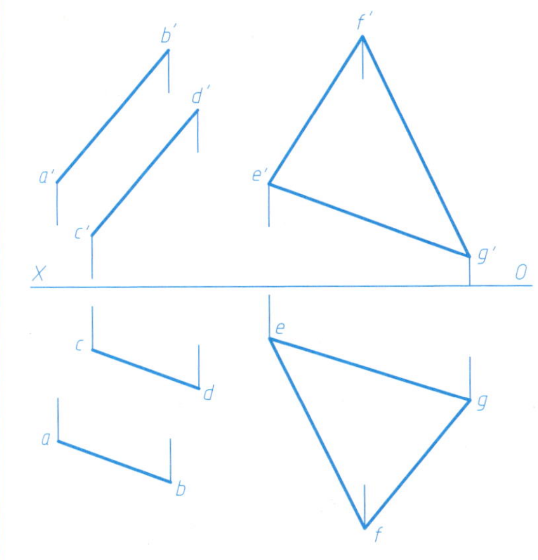

4-9 过点 K 作平面△ABC 的垂线，并求垂足的投影。

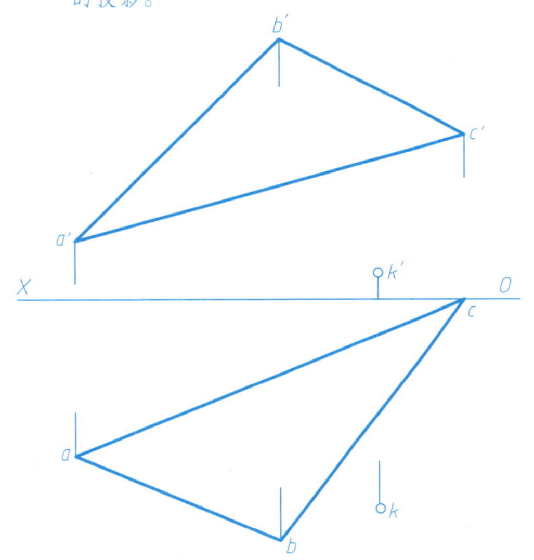

4-10 已知点 A 到平面△BCD 的距离为 15 mm，求点 A 的 V 面投影。

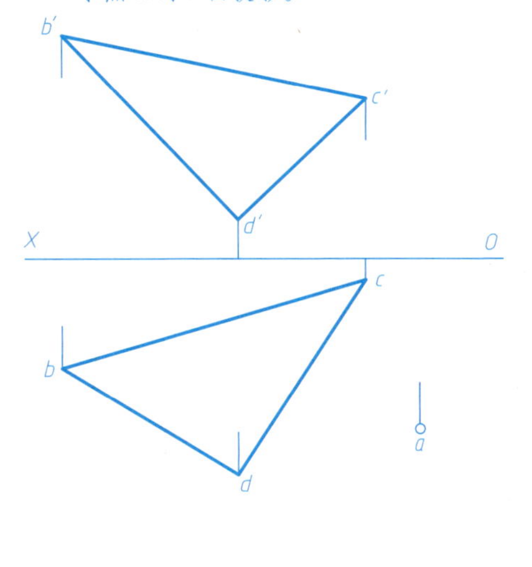

4-11 过点 K 作直线 KM 与平面△ABC 平行，且与 EF 相交。

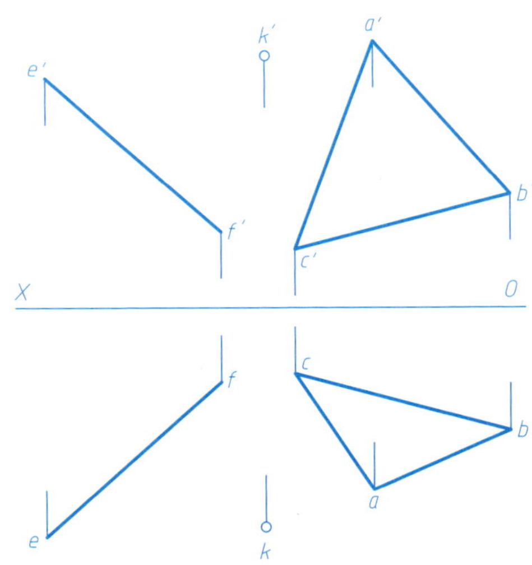

4-12 在直线 AB 上找一点 K，使 KC=KD。

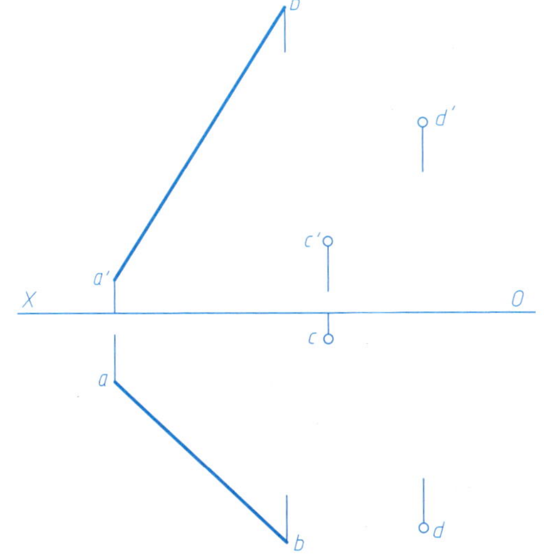

4-13 以△ABC 上的水平线 BC 为边作一正方形 BCDE，并使其垂直于△ABC。

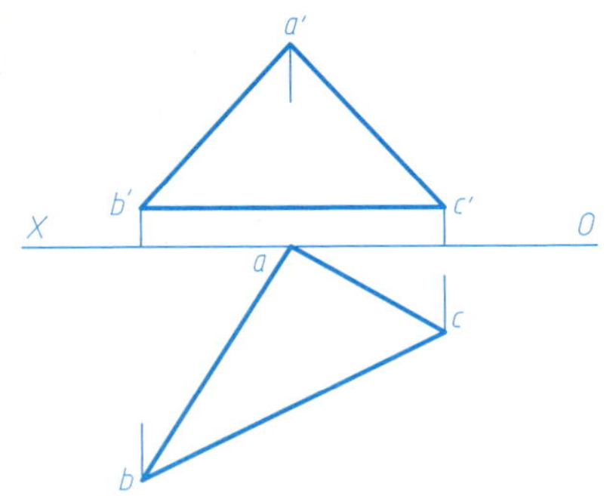

4-14 以平面△ABC 为对称平面，求作点 M 的对称点 N。

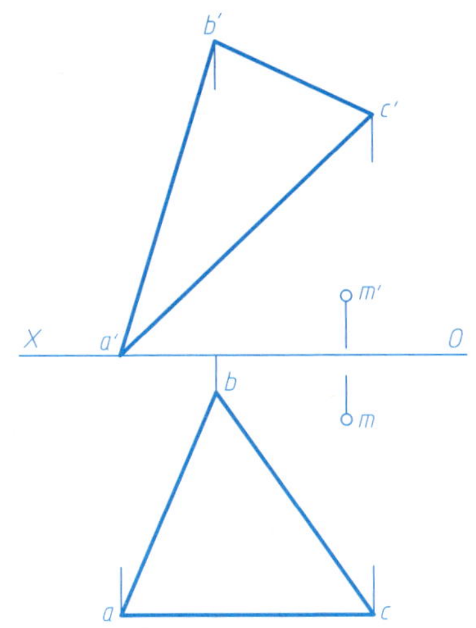

4-15 已知直线 AB 垂直于直线 BC，求 ab。

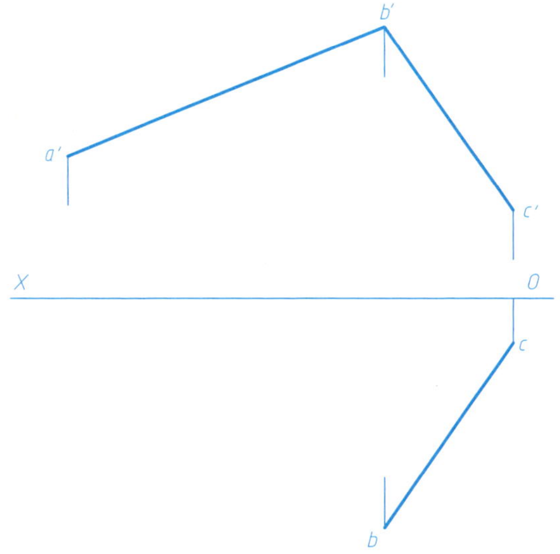

4-16 在平面 $ABCD$ 上求出与点 M 和点 N 等距的点的轨迹 L。

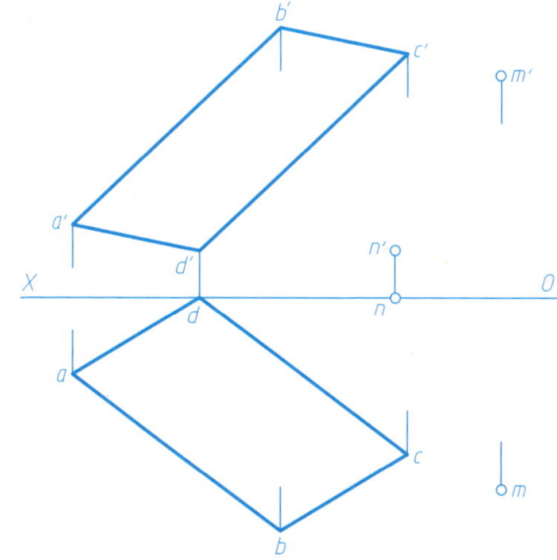

4-17 在 $\triangle EFG$ 上作一条直线 CD，使其与直线 AB 垂直相交。

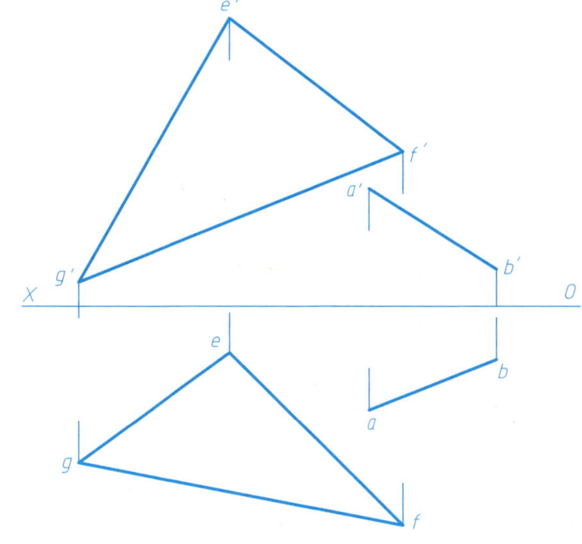

4-18 AC 为菱形 $ABCD$ 的一条对角线，顶点 B 在 H 面内，距离 V 面 18 mm，试作菱形的两面投影。

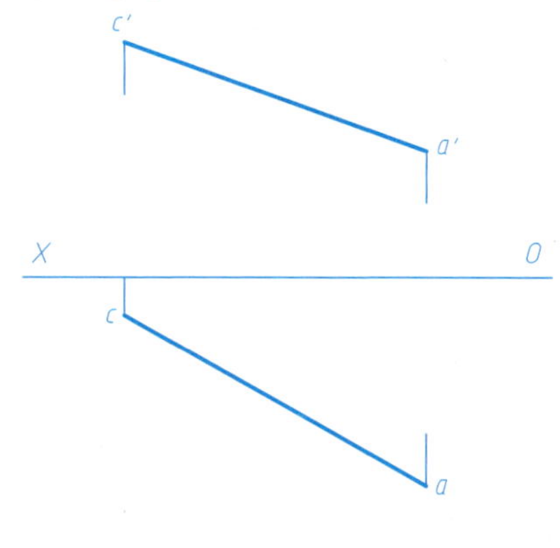

5-1 用换面法求线段 AB 的实长及其对投影面的倾角 α、β。

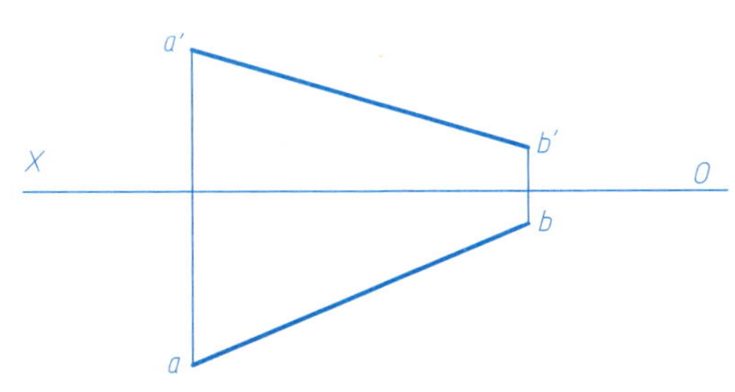

5-2 已知线段 AB 的实长为 36 mm，求 $a'b'$。

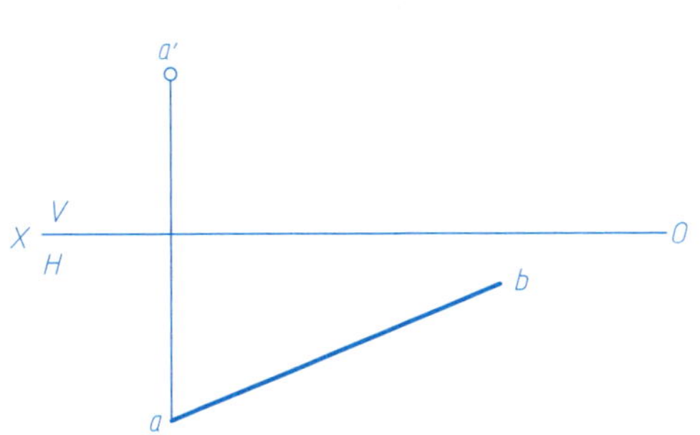

5-3 求点 C 到直线 AB 的距离。

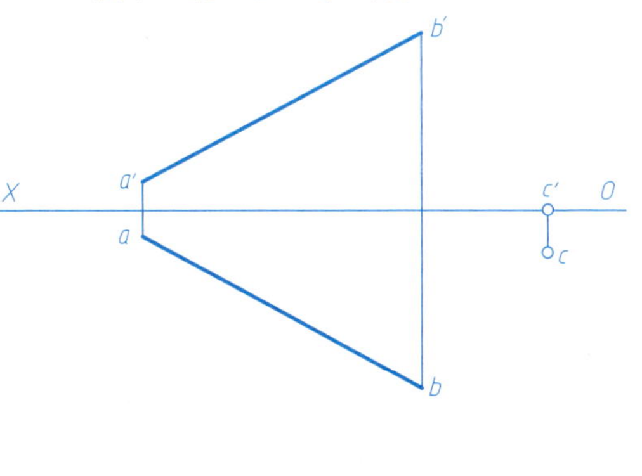

5-4 求两平行直线 AB、CD 之间的距离。

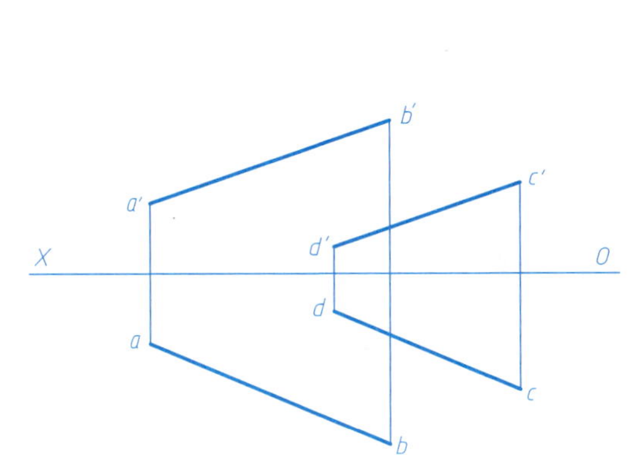

5-5 求平面 $\triangle ABC$ 的实形。

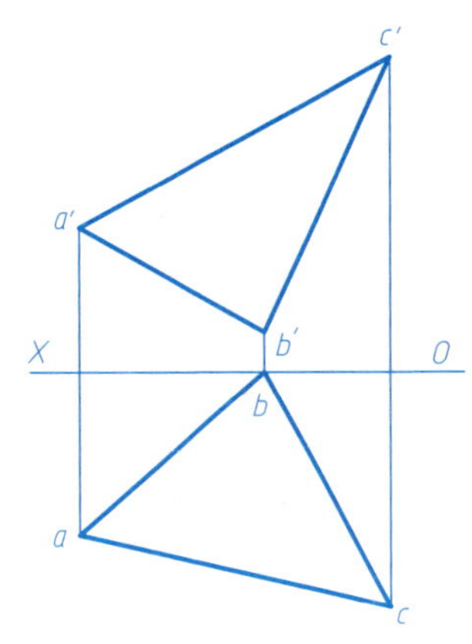

5-6 在 $\triangle ABC$ 上作一直线 MN，使其与 AB 的距离为 12 mm。

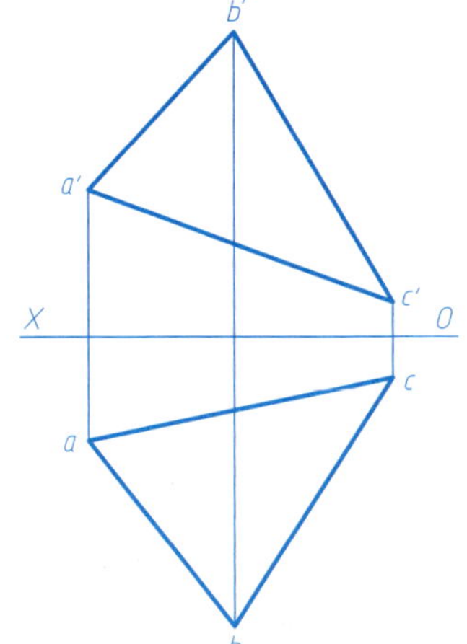

第五章习题答案

专业　　　　班级　　　　学号　　　　姓名

5-7 用换面法求△ABC和△BCD之间的夹角。

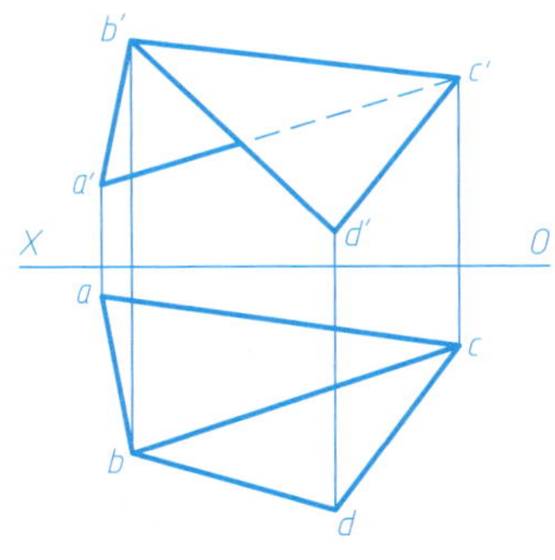

5-8 在直线AB上取一点E,使其与C、D两点等距离。

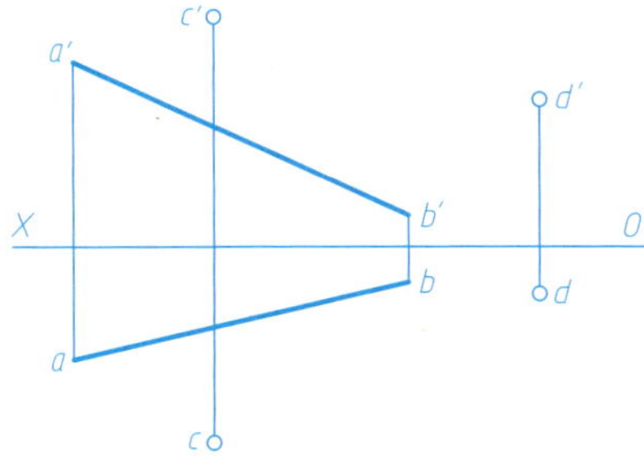

5-9 已知点D与平面ABC之间的距离为12 mm,求点D的正面投影。

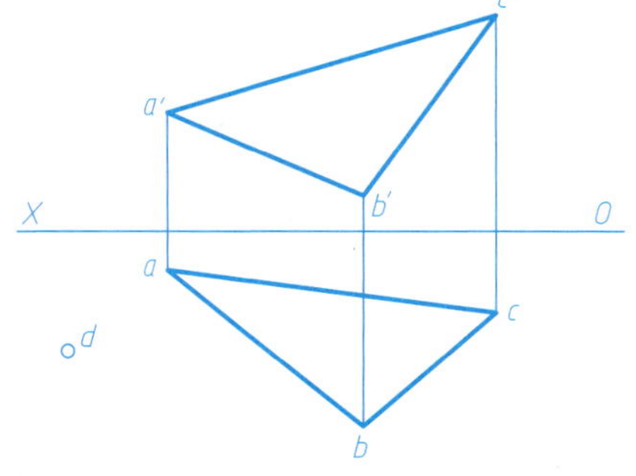

5-10 已知两平行直线AB、CD之间的距离为12 mm,求CD的正面投影。

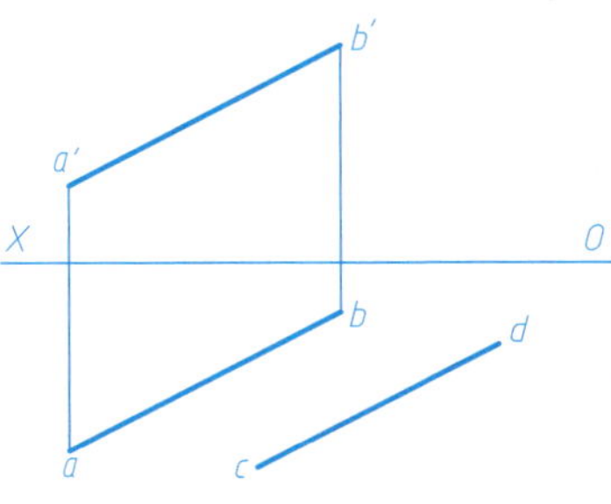

5-11 求两交叉直线AB、CD之间的距离。

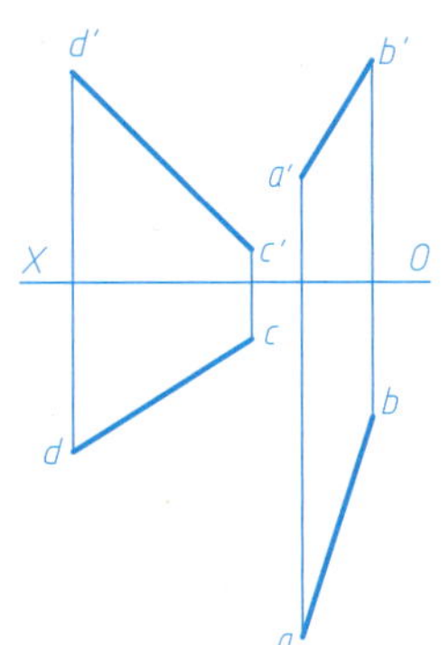

5-12 用换面法求直线AB与△CDE的交点。

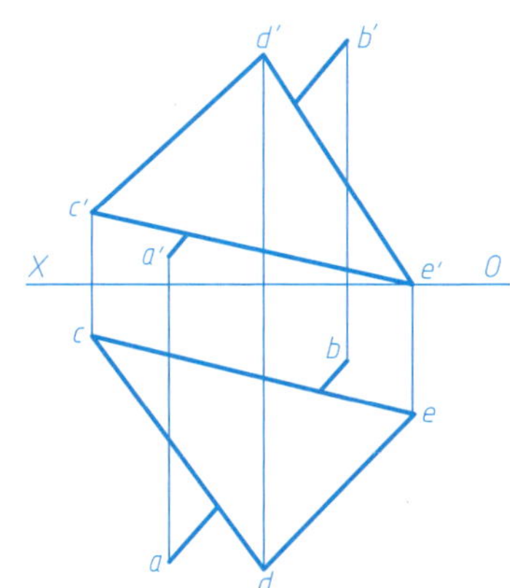

5-13 已知线段 AB 的实长为 40 mm，用旋转法作出 $a'b'$。

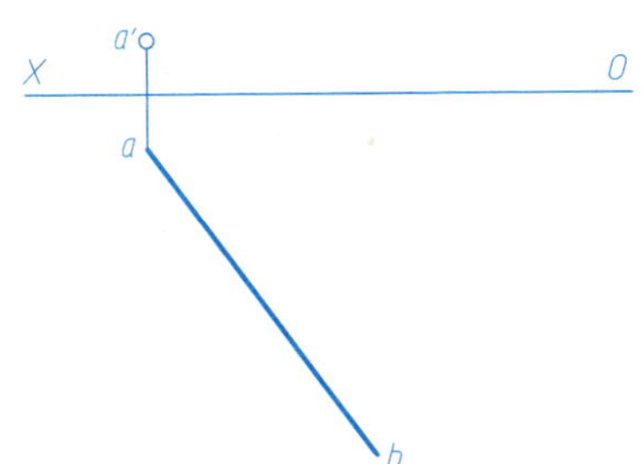

5-14 用旋转法作出 $\triangle ABC$ 的实形。

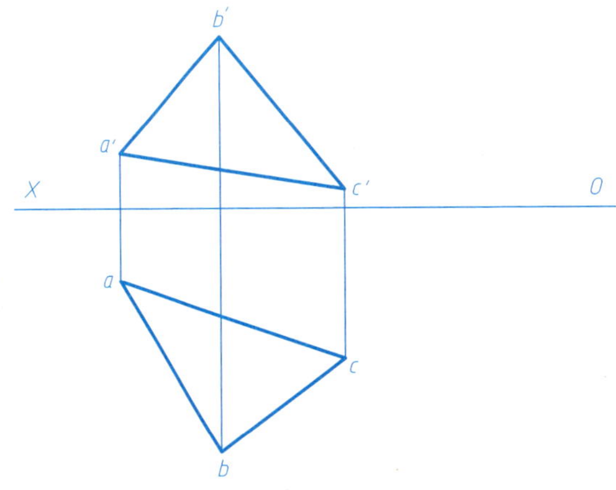

5-15 用旋转法求点 K 到直线 AB 的距离。

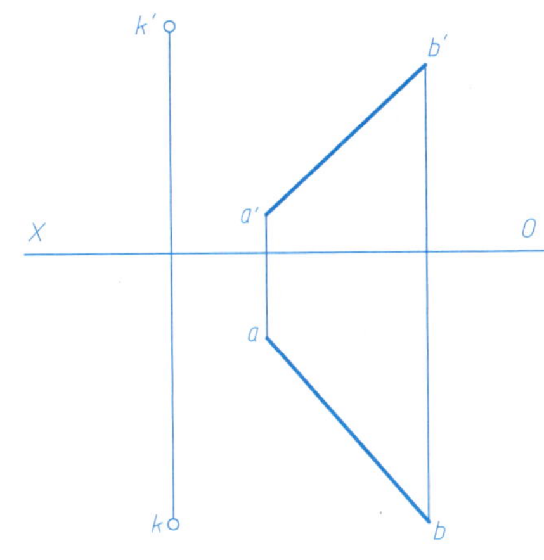

5-16 用绕水平轴旋转的旋转法求 $\triangle ABC$ 的实形。

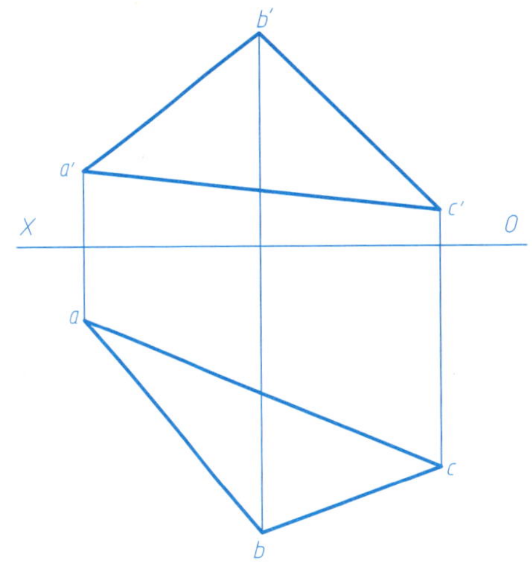

6-1　作圆柱的 H 面投影，并求其表面上点 A、B 及线段 CD 的其他投影。

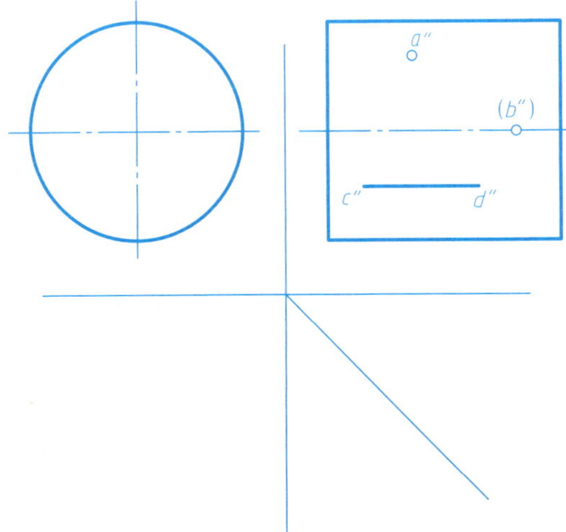

6-2　已知圆锥面上各点的一个投影，求圆锥的 W 面投影及点的其他两投影。

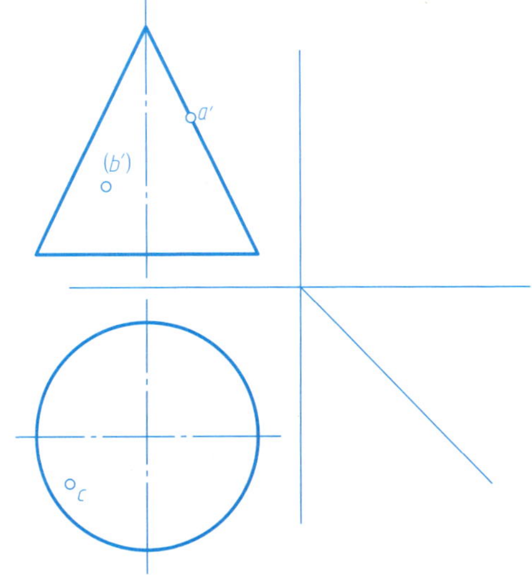

6-3　已知球面上点 A、B、C 的投影 a′、b′和 c″，求各点的其余投影。

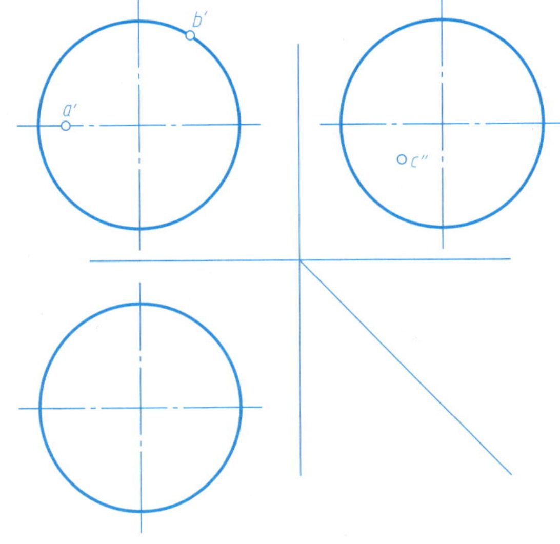

6-4　已知斜圆柱面上一线段 AB 的 V 面投影，求其另一投影。

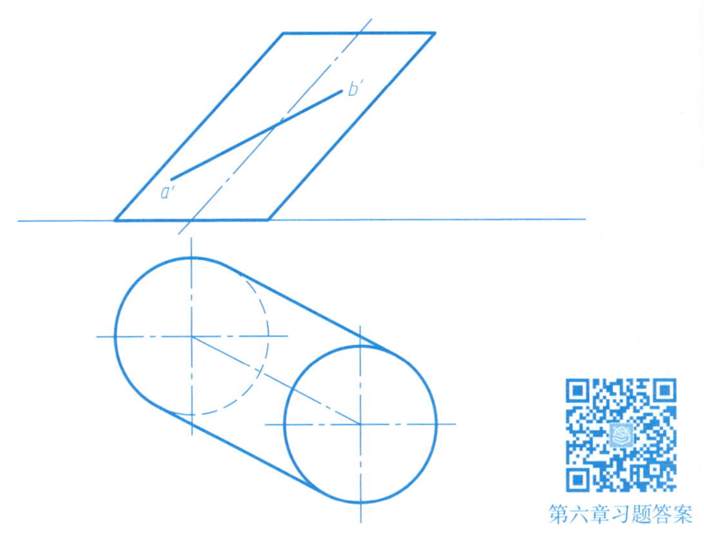

第六章习题答案

6-5 已知斜圆锥面上一线段 AB 的 V 面投影，求其另一投影。

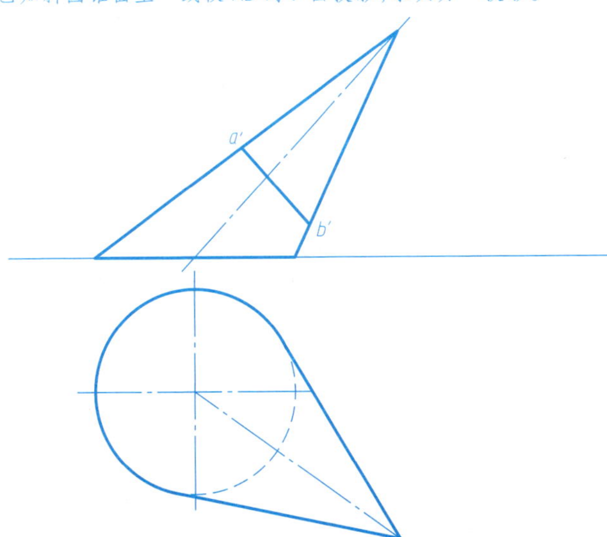

6-6 已知圆柱轴线平行于 V 面和圆柱面上点 A、B、C 的 V 面投影，完成其 H、W 面投影。

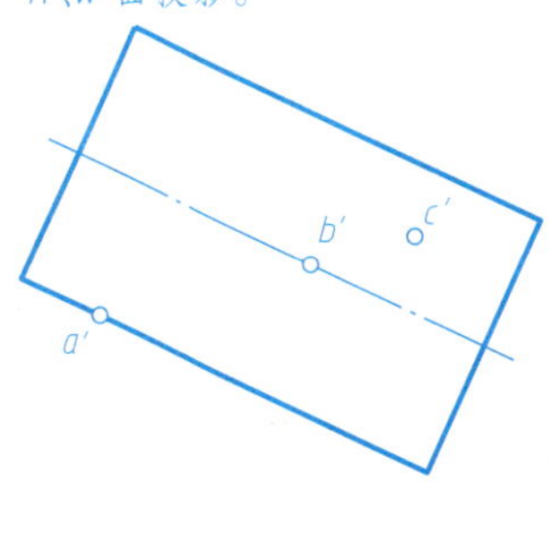

6-7 已知环面上各点的一个投影，求其另一投影。

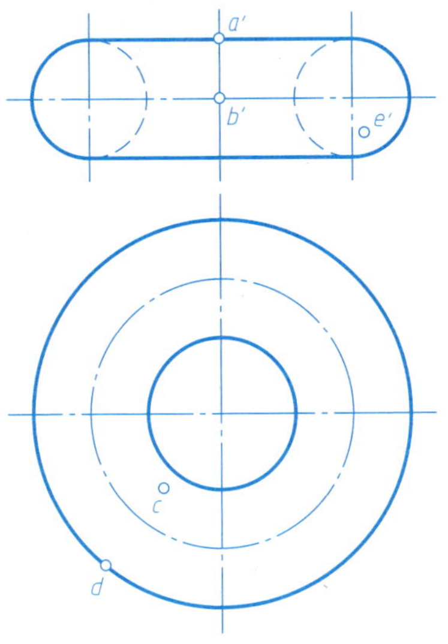

6-8 已知直母线 AB 和轴线 O—O 的投影，求作单叶双曲回转面的投影。

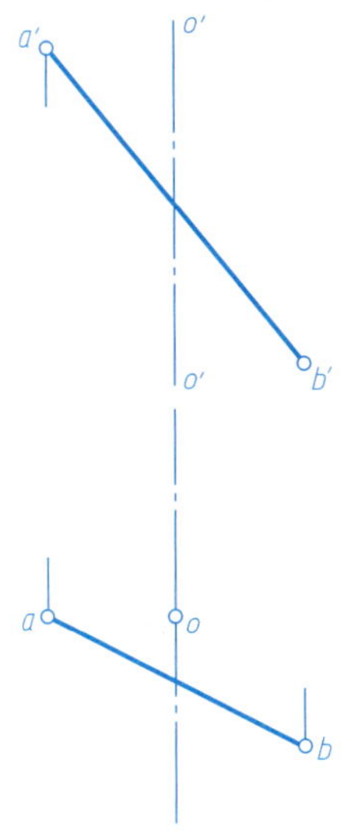

6-9 作出以直线 *AB*、*CD* 为导线，以平面 *P* 为导平面的双曲抛物面的投影。

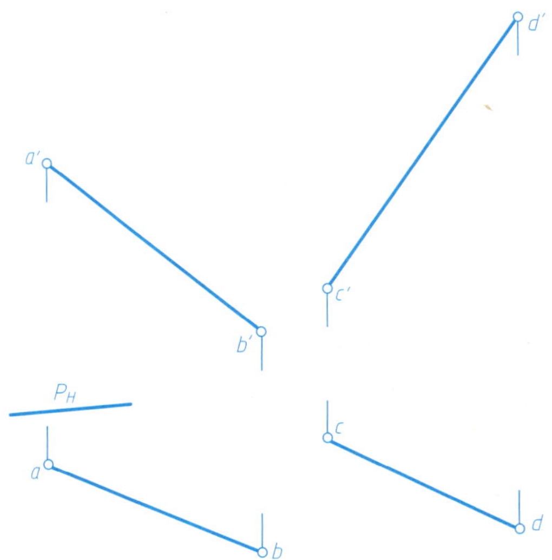

6-10 求作扭面上图形 *ABCD* 的 *H*、*W* 面投影。

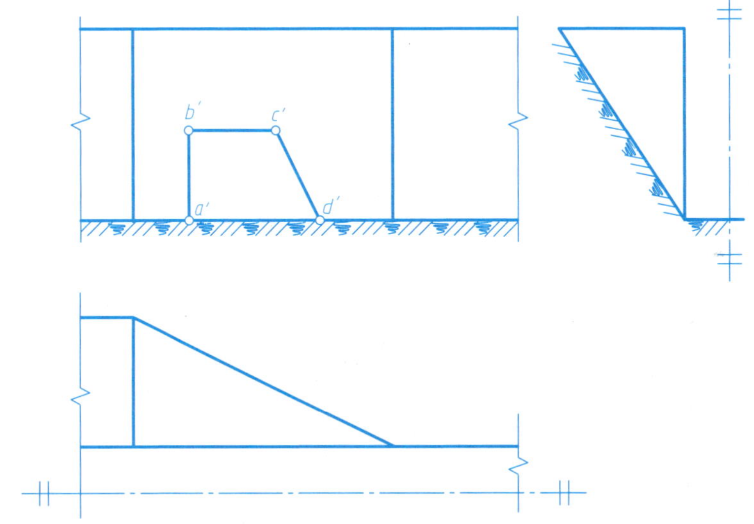

6-11 以直线 *AB*、圆弧 *CD* 为导线，以 *W* 面为导平面，求作锥状面，并补出锥状面的 *W* 面投影。

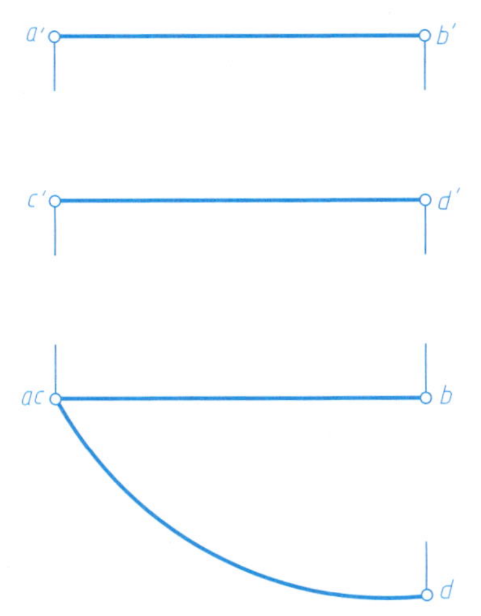

6-12 以曲面 *AB*、*CD* 为导线，以平面 *P* 为导平面，求作柱状面的投影图。

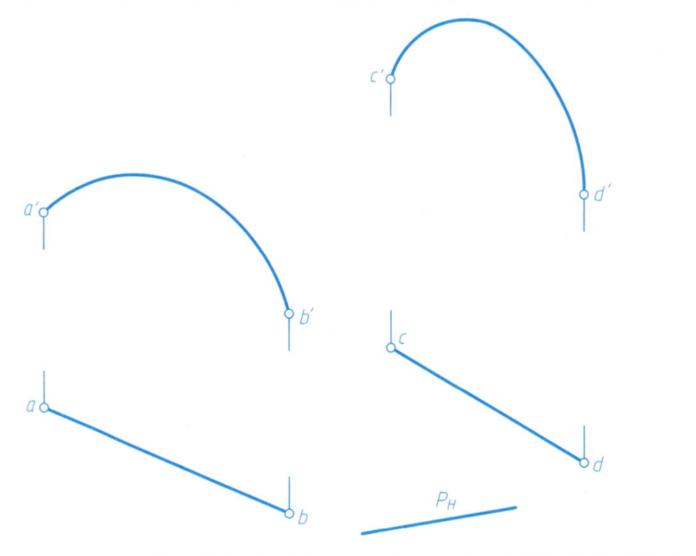

6-13　已知曲导线为右旋螺旋线，直径为 D，导程为 S，求作双点画线大圆柱范围内的平螺旋面，并判别可见性。

6-15　作出螺旋楼梯的 V 面投影。

6-14　已知楼梯扶手弯头截面的 V 面投影和弯头的 H 面投影，补绘由平螺旋面组成的楼梯扶手弯头的 V 面投影。

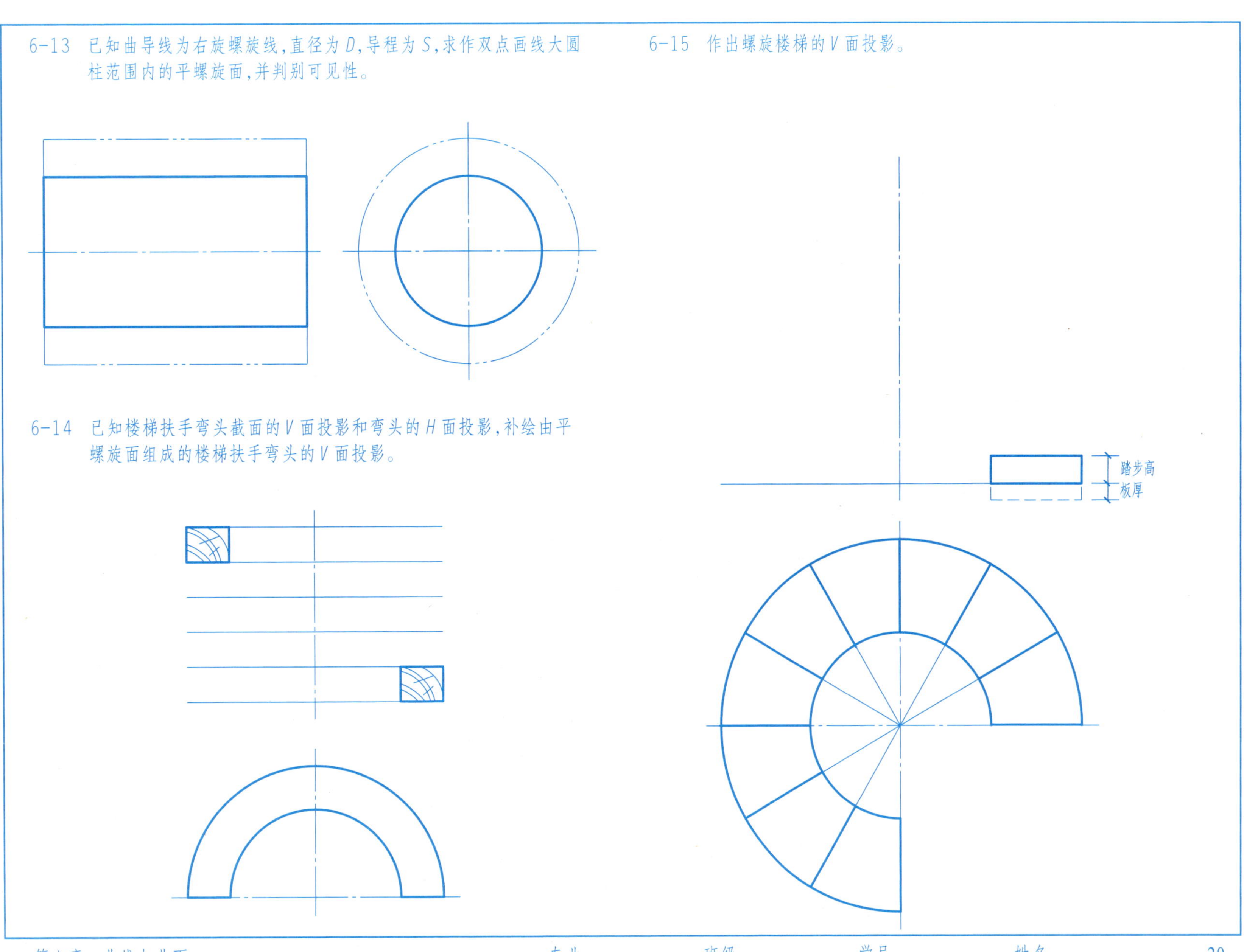

7-1 补全三棱锥及其表面上点、线的三面投影。

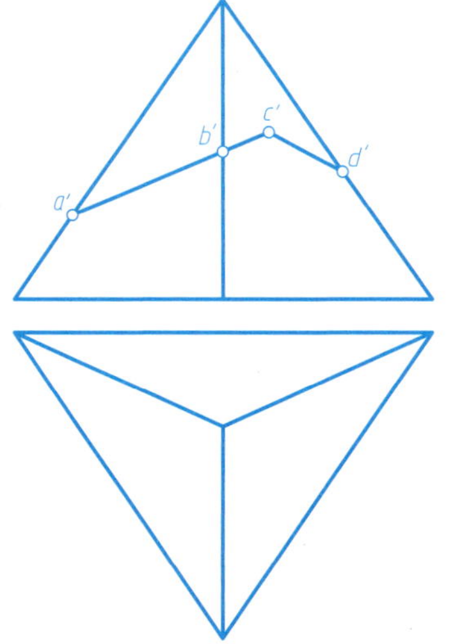

7-2 求平面P截切四棱台后的投影，并求断面的实形。

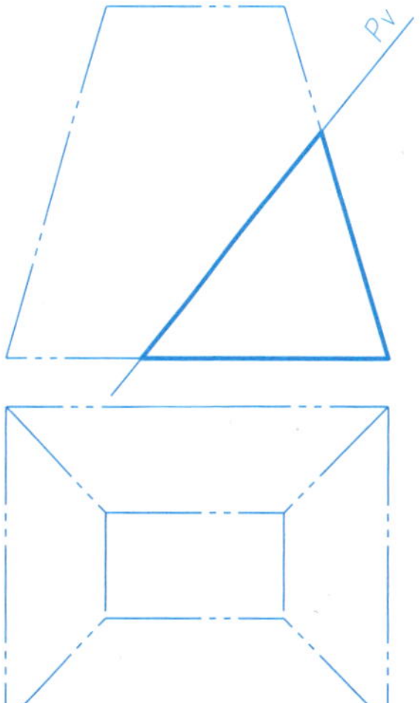

7-3 补全切口三棱锥的三面投影。

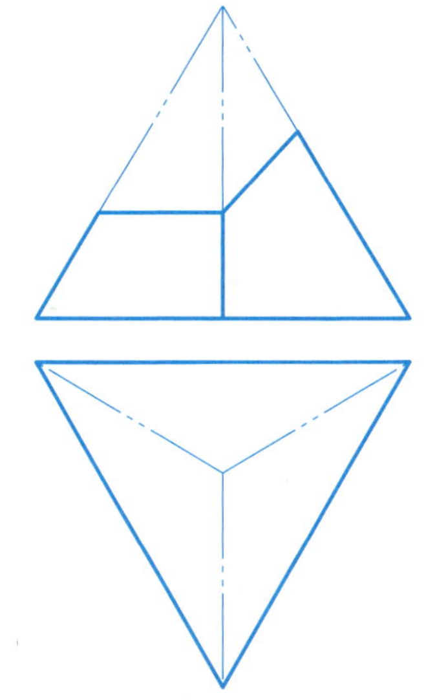

7-4 补全带切口四棱台的投影。

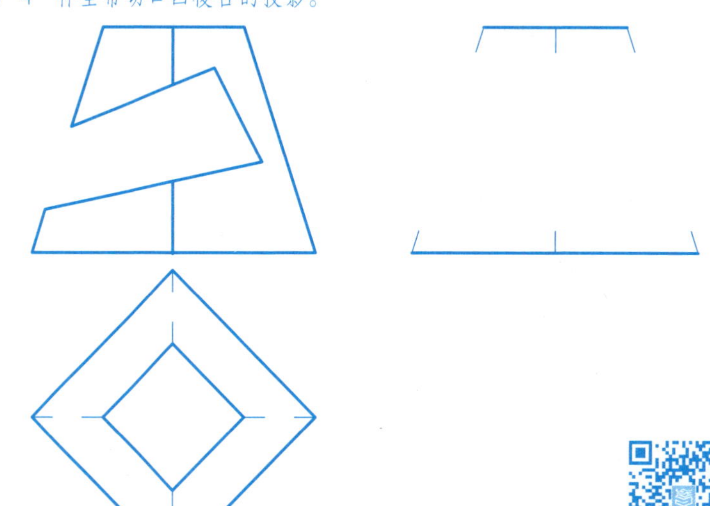

第七章习题答案

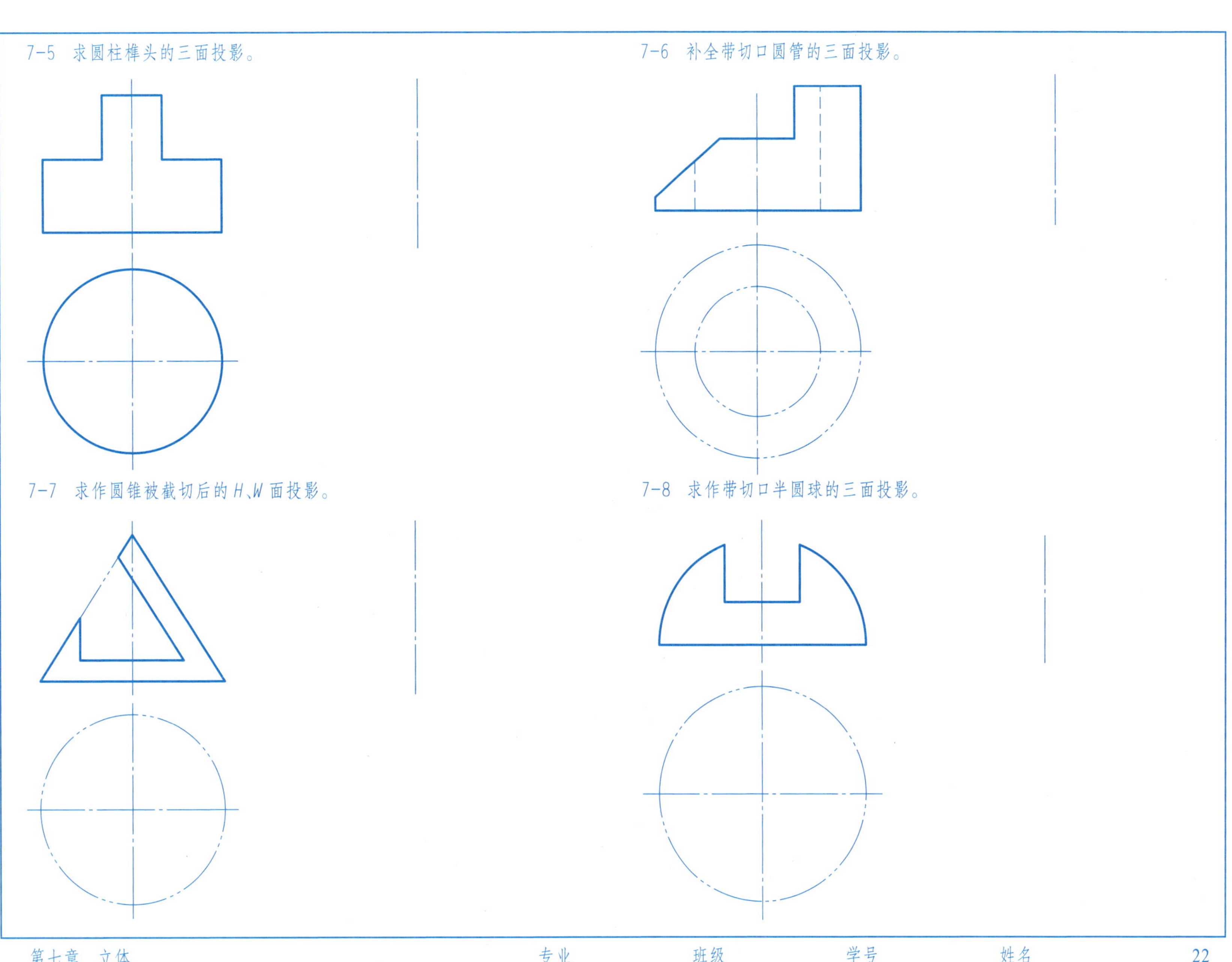

7-5 求圆柱榫头的三面投影。

7-6 补全带切口圆管的三面投影。

7-7 求作圆锥被截切后的 H、W 面投影。

7-8 求作带切口半圆球的三面投影。

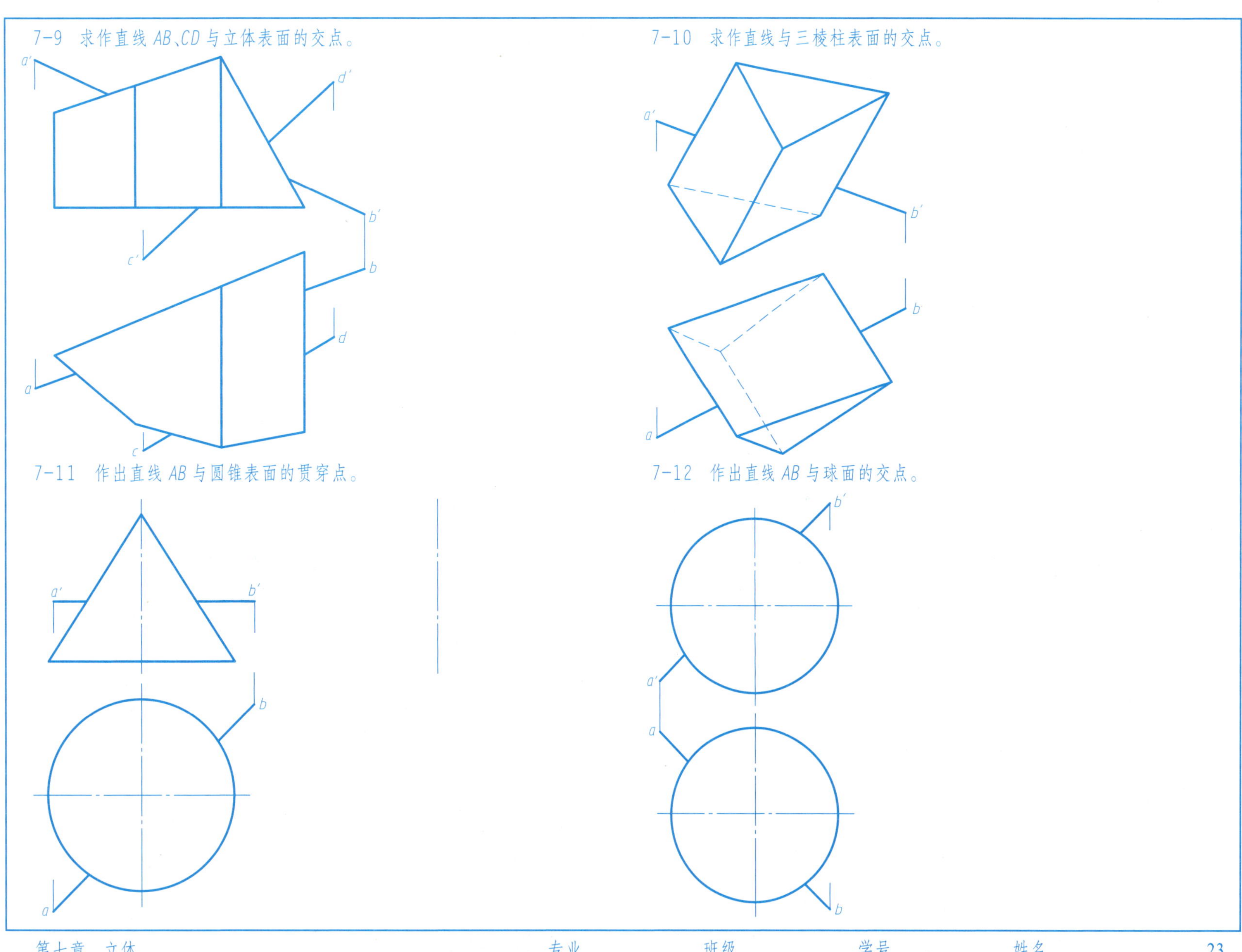
7-9 求作直线AB、CD与立体表面的交点。
a′
d′
b′
c′
b
d
a
c
7-10 求作直线与三棱柱表面的交点。
a′
b′
b
a
7-11 作出直线AB与圆锥表面的贯穿点。
a′
b′
b
a
7-12 作出直线AB与球面的交点。
b′
a′
a
b

7-13 求作四棱锥与三棱柱的交线。

7-14 求作四棱锥与四棱柱的交线。

7-15 求作三棱锥与三棱柱的交线。

7-16 求作三棱柱与五棱柱的交线。

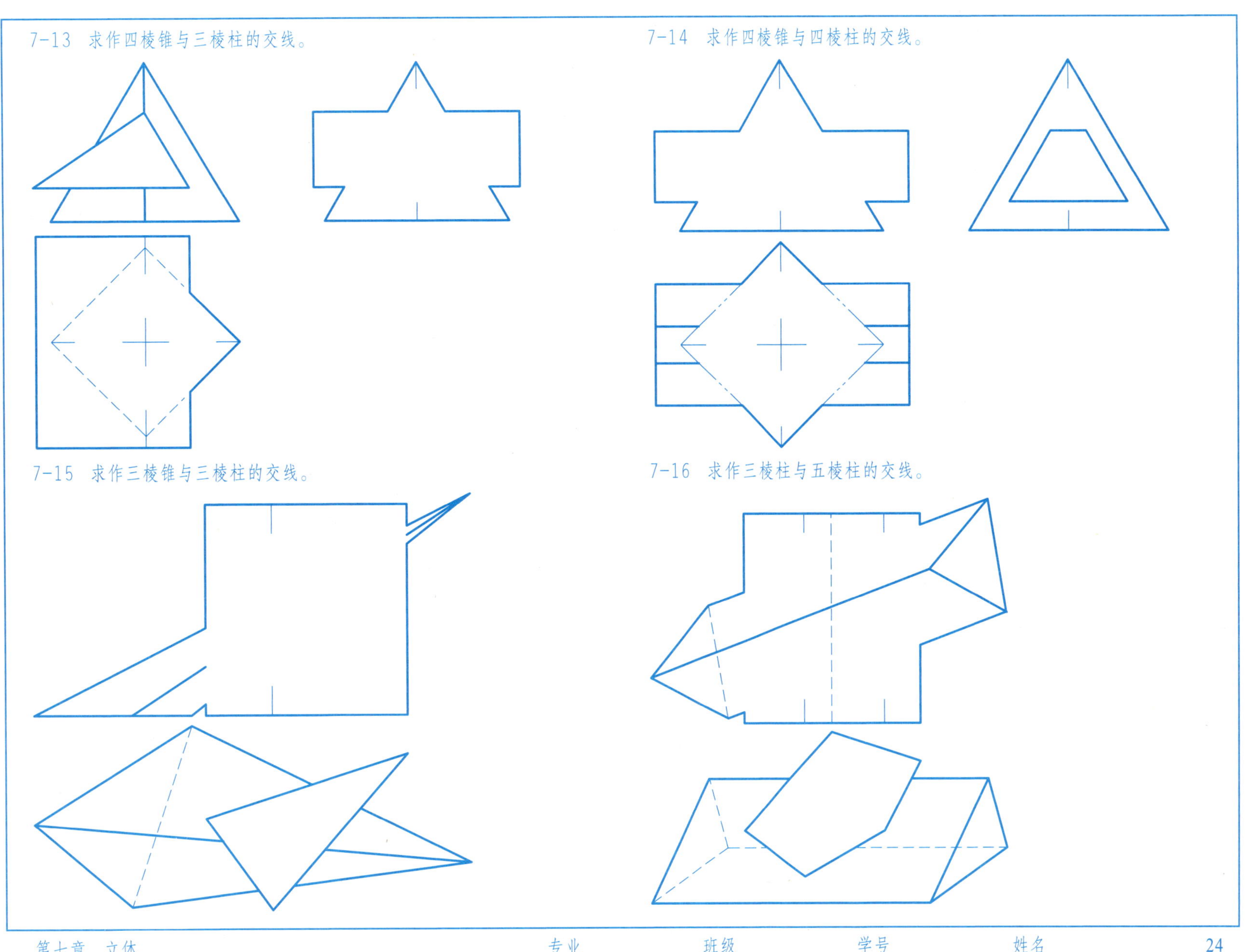

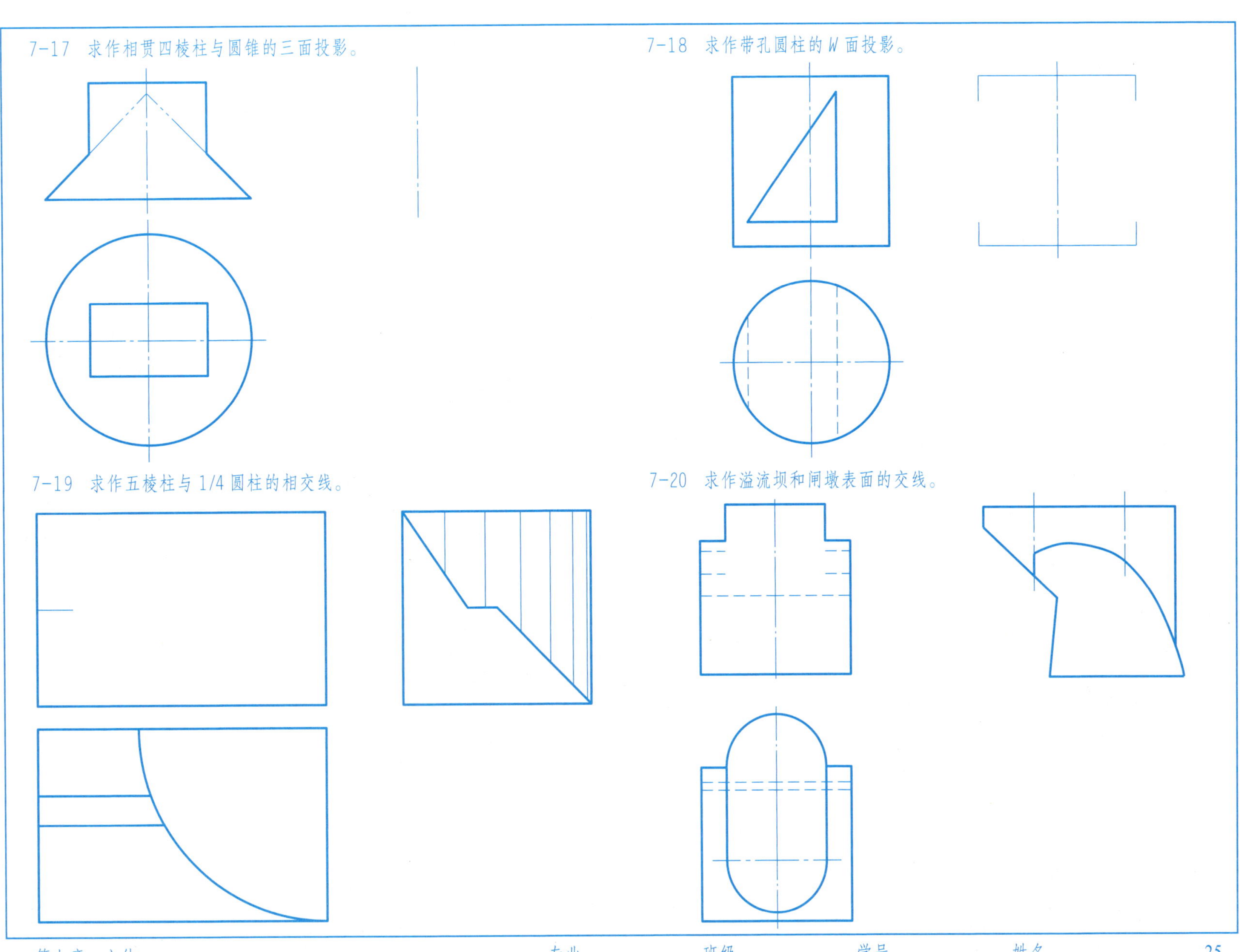
7-17 求作相贯四棱柱与圆锥的三面投影。
7-18 求作带孔圆柱的W面投影。
7-19 求作五棱柱与1/4圆柱的相交线。
7-20 求作溢流坝和闸墩表面的交线。

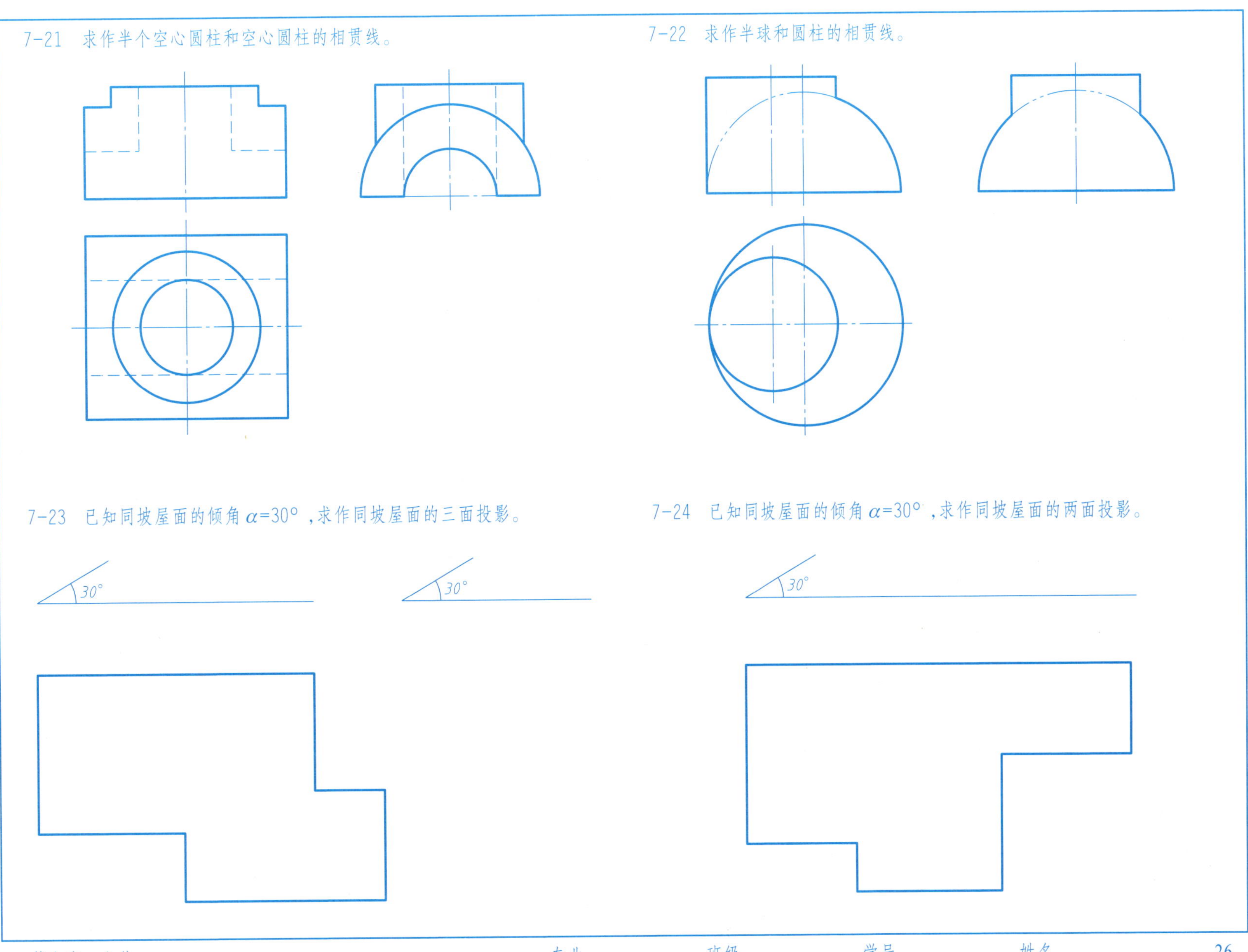
7-21 求作半个空心圆柱和空心圆柱的相贯线。
7-22 求作半球和圆柱的相贯线。
7-23 已知同坡屋面的倾角α=30°，求作同坡屋面的三面投影。
30°
30°
7-24 已知同坡屋面的倾角α=30°，求作同坡屋面的两面投影。
30°

第八章习题答案

8-1 根据组合体立体图上的尺寸，用比例 1：100 画三视图（尺寸单位：cm）。

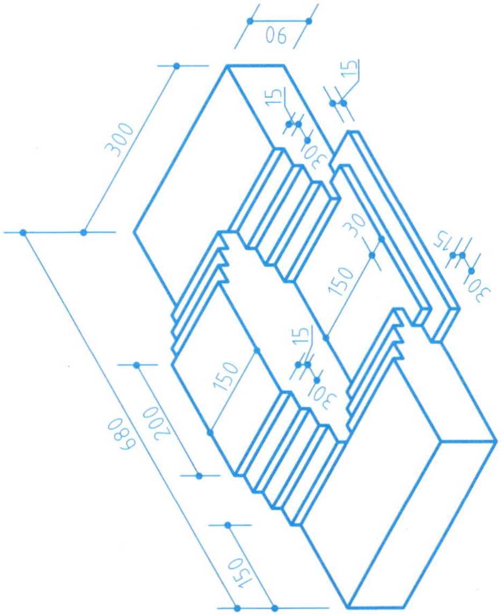

8-2 根据组合体立体图上的尺寸，用比例 1：100 画三视图（尺寸单位：cm）。

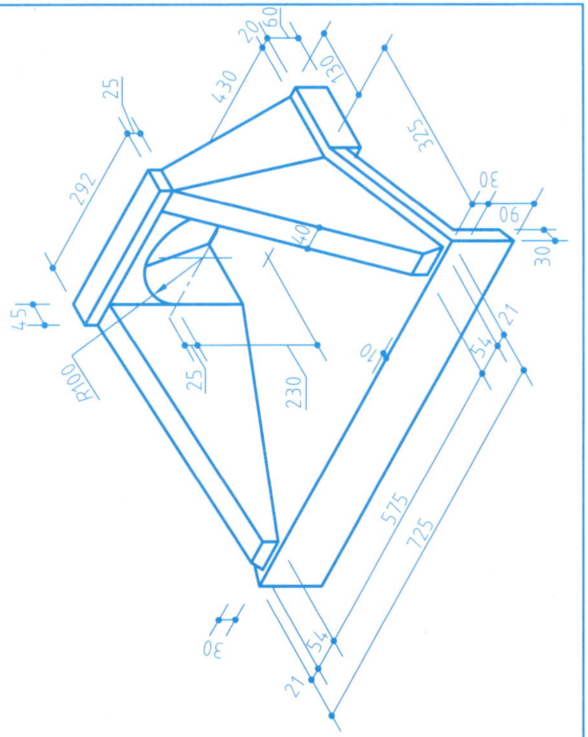

8-3 根据组合体立体图上的尺寸，用比例 1∶100 画三视图（尺寸单位：cm）。

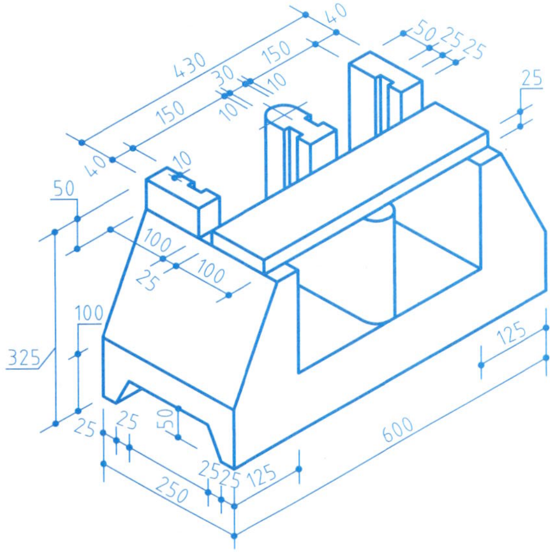

8-4 根据组合体立体图上的尺寸，用比例 1∶1 画出立体在第三分角的三视图（尺寸单位：mm）。

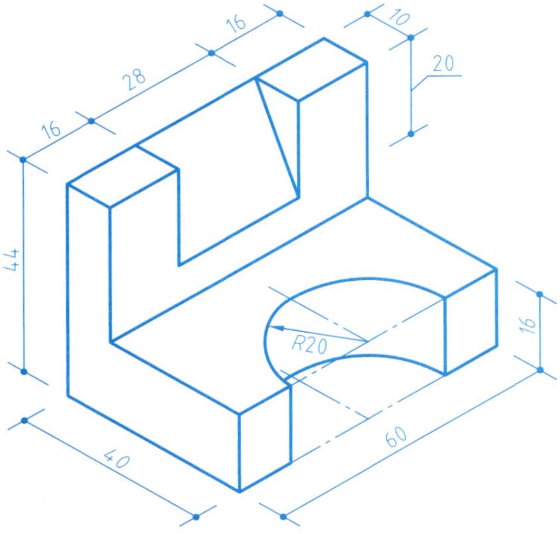

8-5　补画立体的左侧立面图。

8-6　补画立体的平面图。

8-7　补画立体的左侧立面图。

8-8　补画立体的左侧立面图。

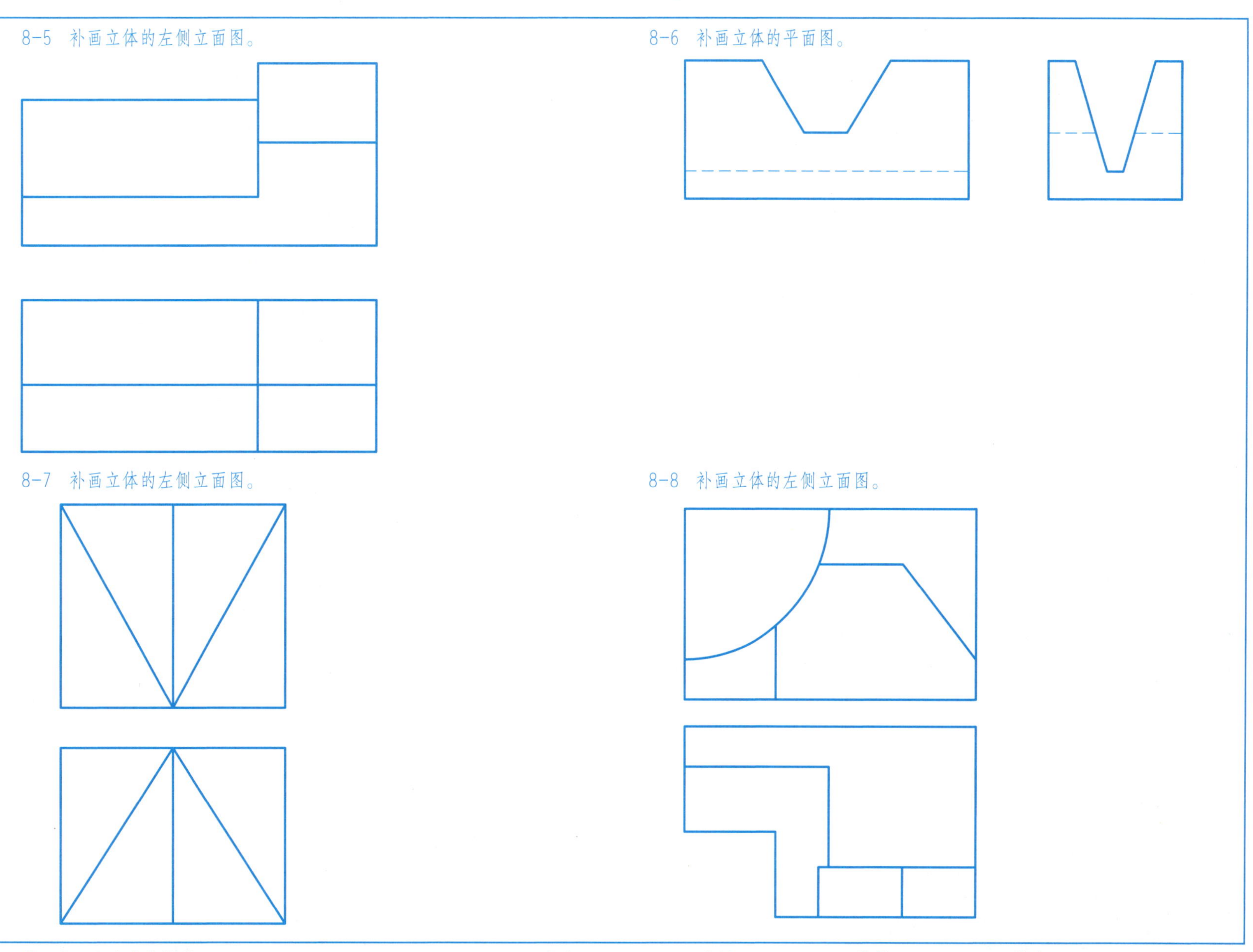

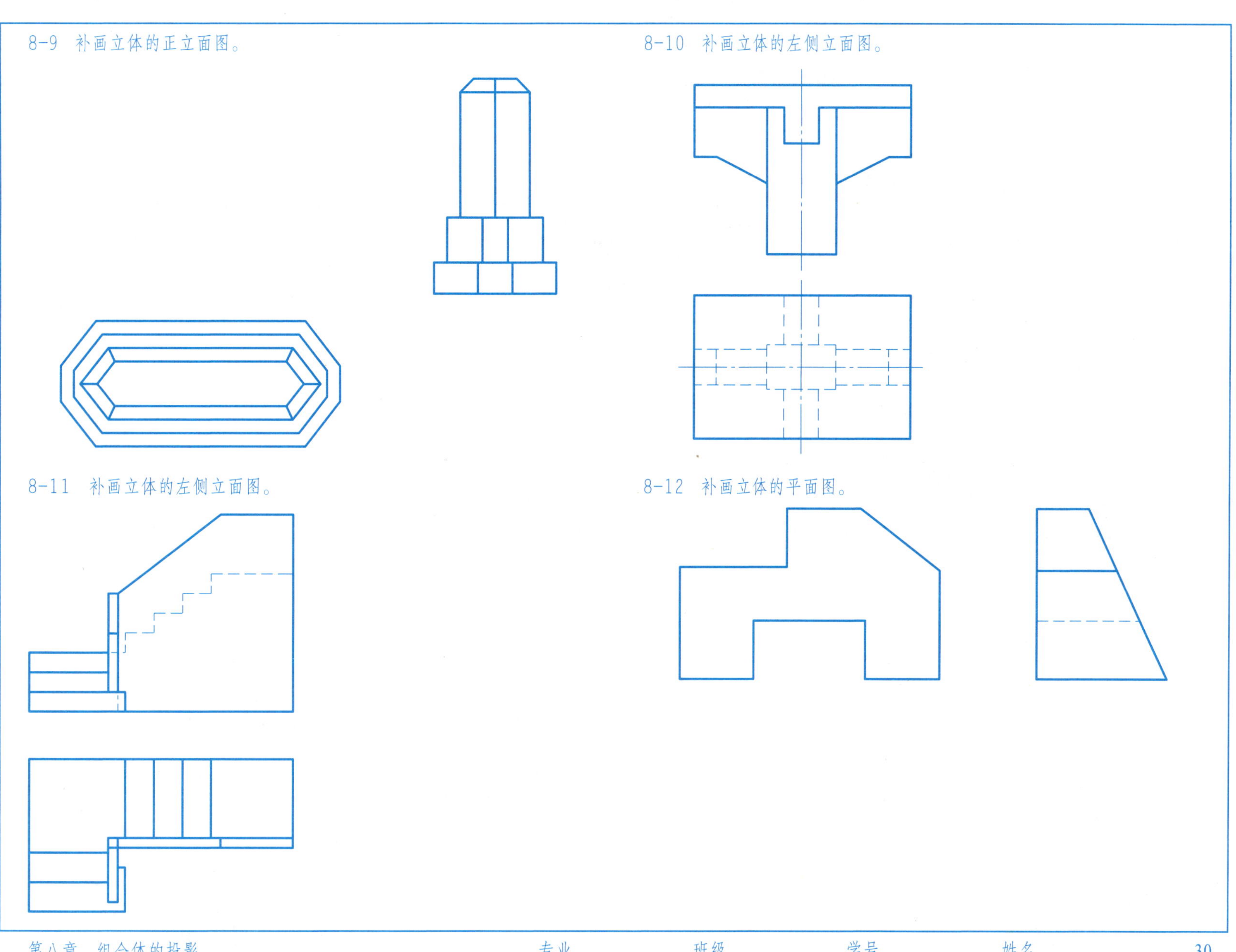
8-9 补画立体的正立面图。
8-10 补画立体的左侧立面图。
8-11 补画立体的左侧立面图。
8-12 补画立体的平面图。

8-13 补画立体的左侧立面图。

8-14 补画立体的左侧立面图。

8-15 补画立体的平面图。

8-16 补画立体的平面图。

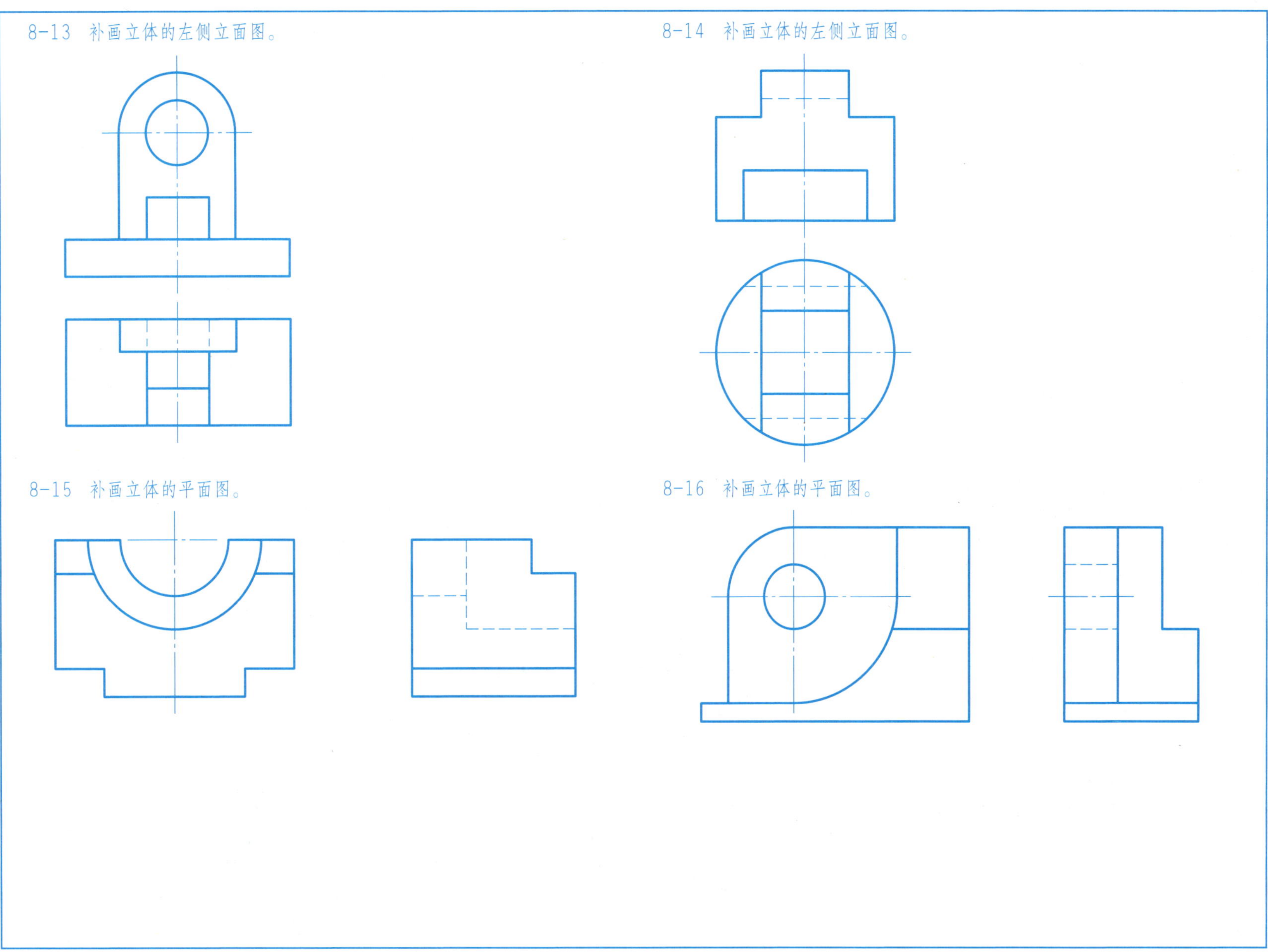

8-17　补全立体投影图中所缺的图线。

8-18　补全立体投影图中所缺的图线。

8-19　补全立体投影图中所缺的图线。

8-20　检查图中的错误尺寸注法，并在右图中正确标注尺寸。

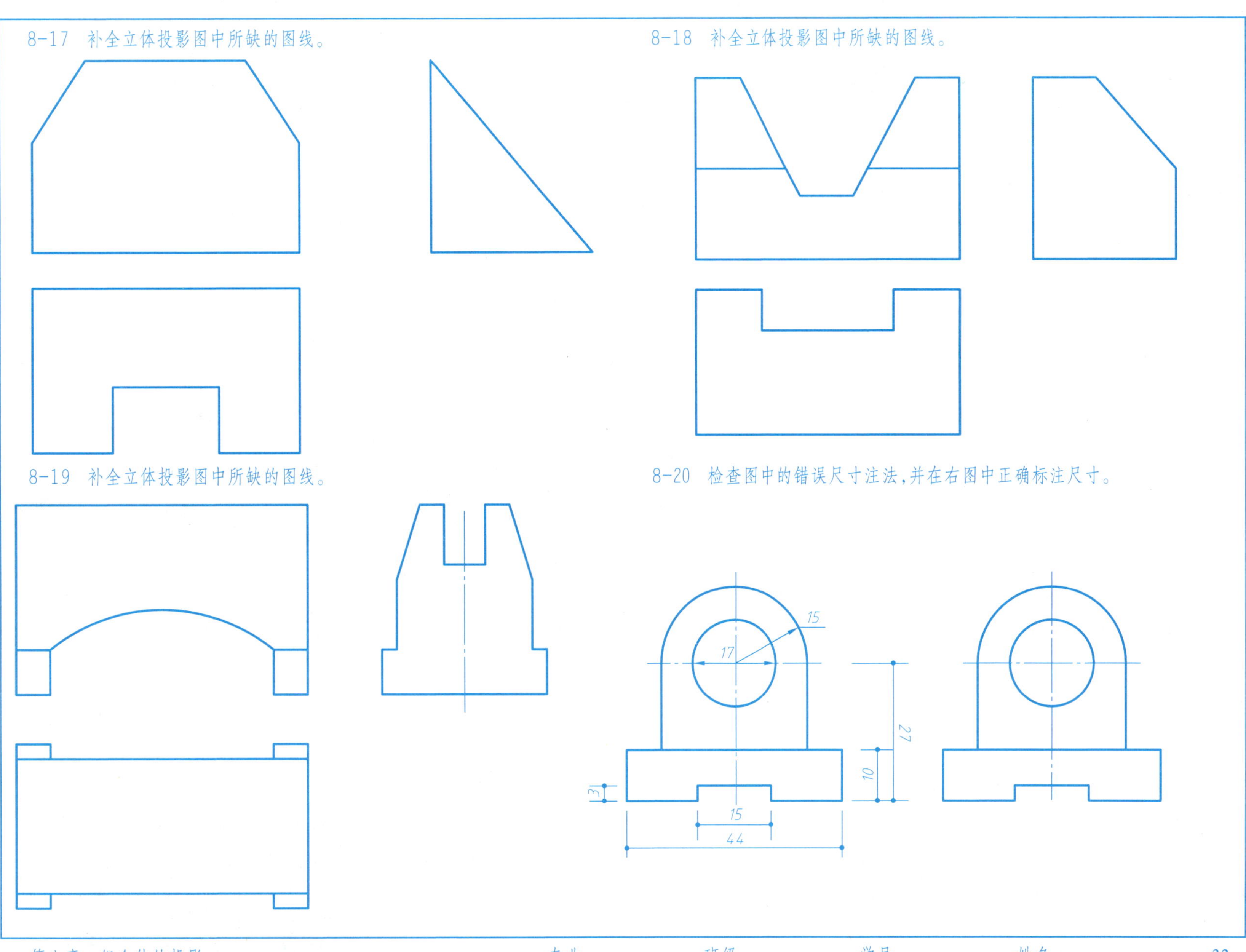

9-1 补绘立体的 W 面投影，并将 V 面投影改画为合适的剖面图。

9-2 画出桥台的 1—1 剖面图。

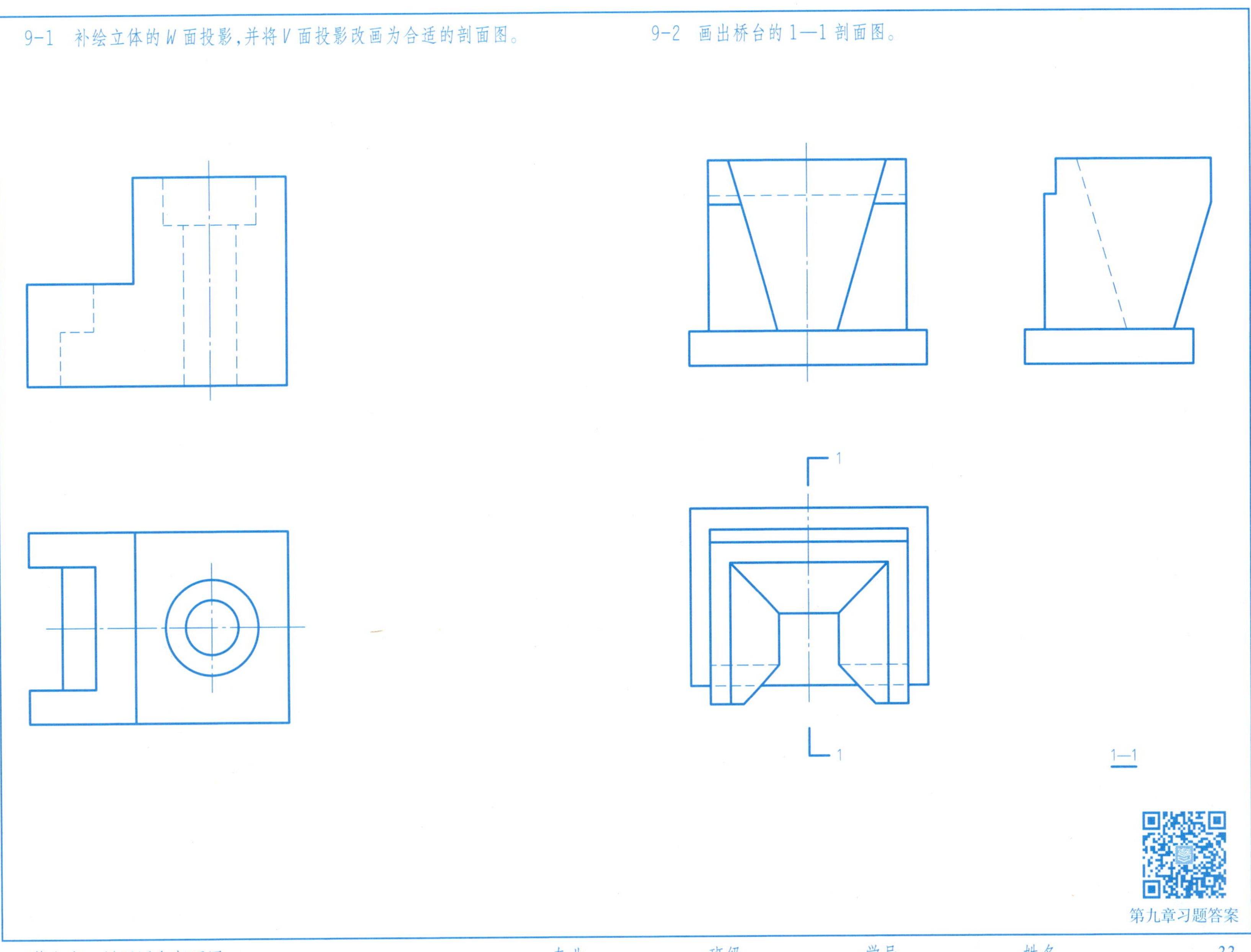

9-3 补绘立体的 W 面投影，将 V、W 面投影改画为半剖面图，并注明剖切符号和位置。

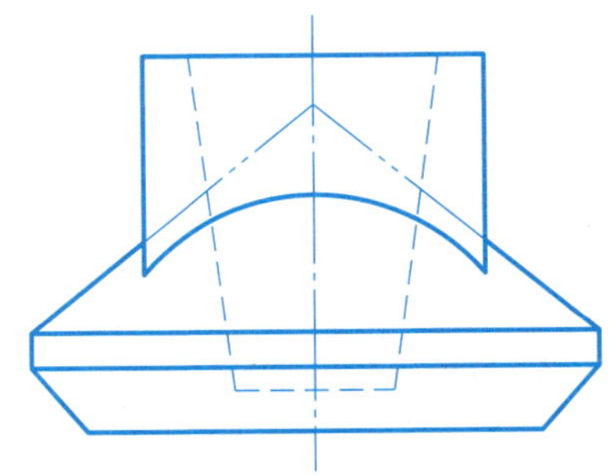

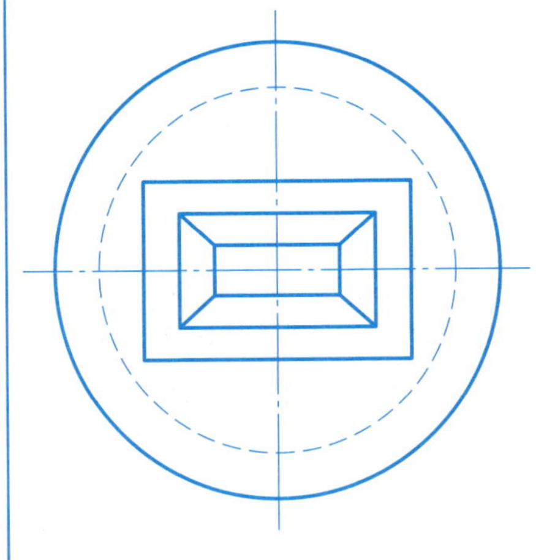

9-4 补绘立体的 W 面投影，将 V、W 面投影改画为合适的剖面图，并注明剖切符号和位置。

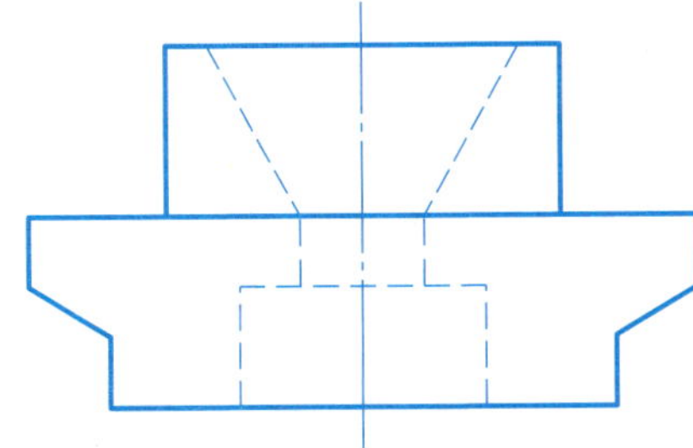

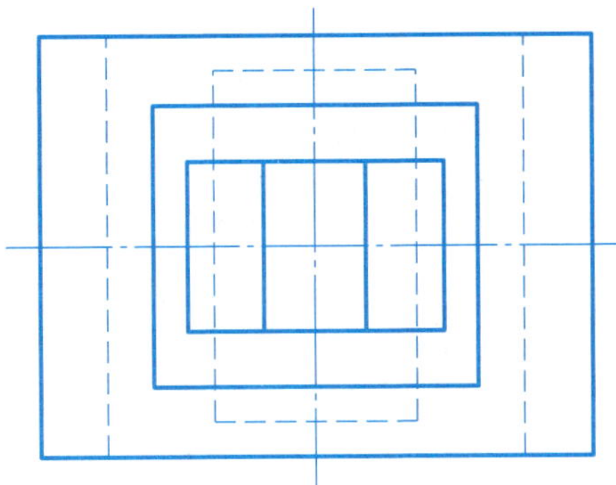

9-5 将立体的正立面图改画为合适的剖面图。

9-6 把集水池的正立面图改画为 1—1 阶梯剖面图。

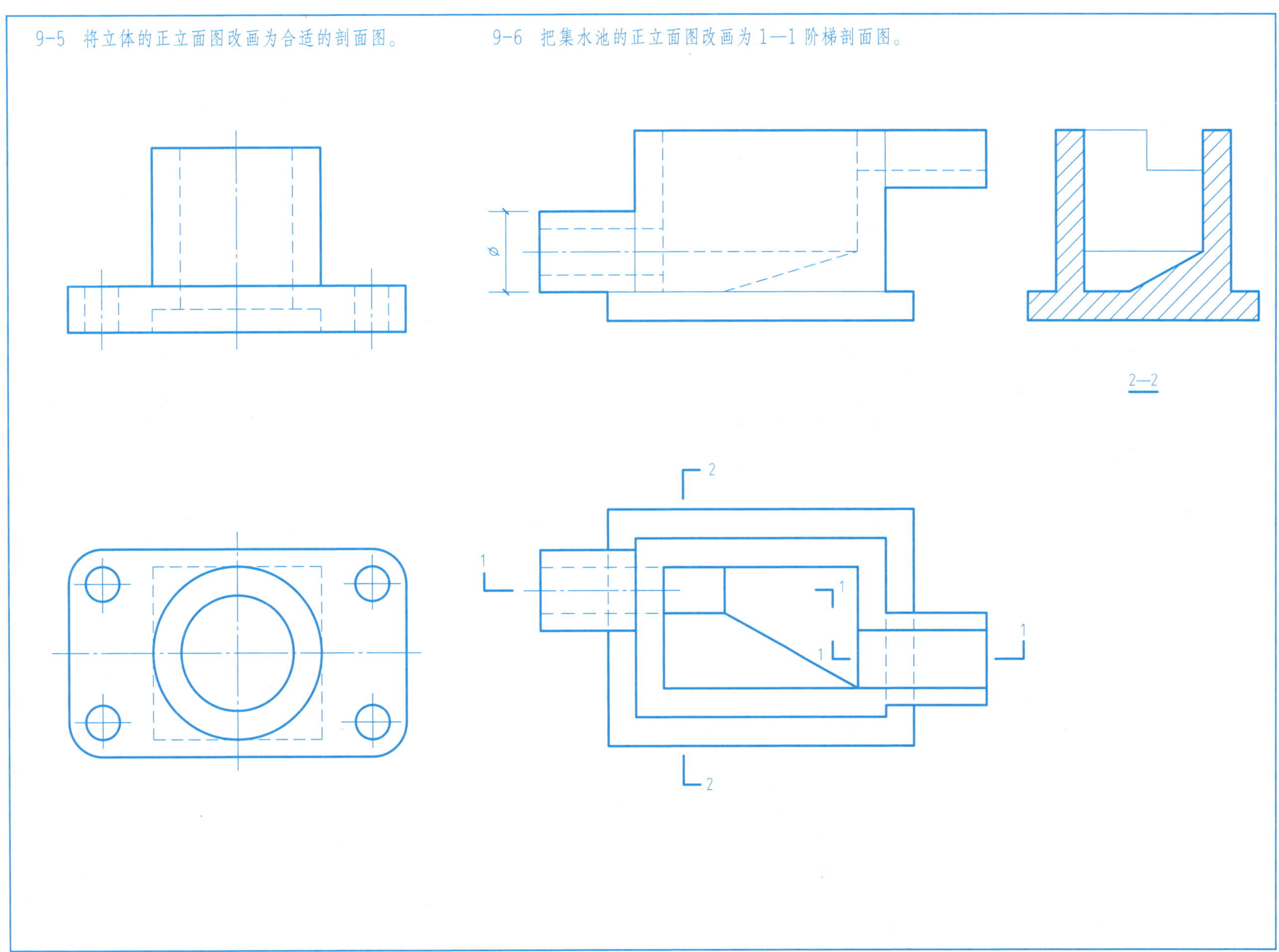

9-7 在指定的位置画出1—1剖面图。

9-8 作出外墙的2—2剖面图（雨篷的材料为钢筋混凝土，宽度与台阶的前面对齐）。

9-9 求作吊装夹具的局部剖面图。

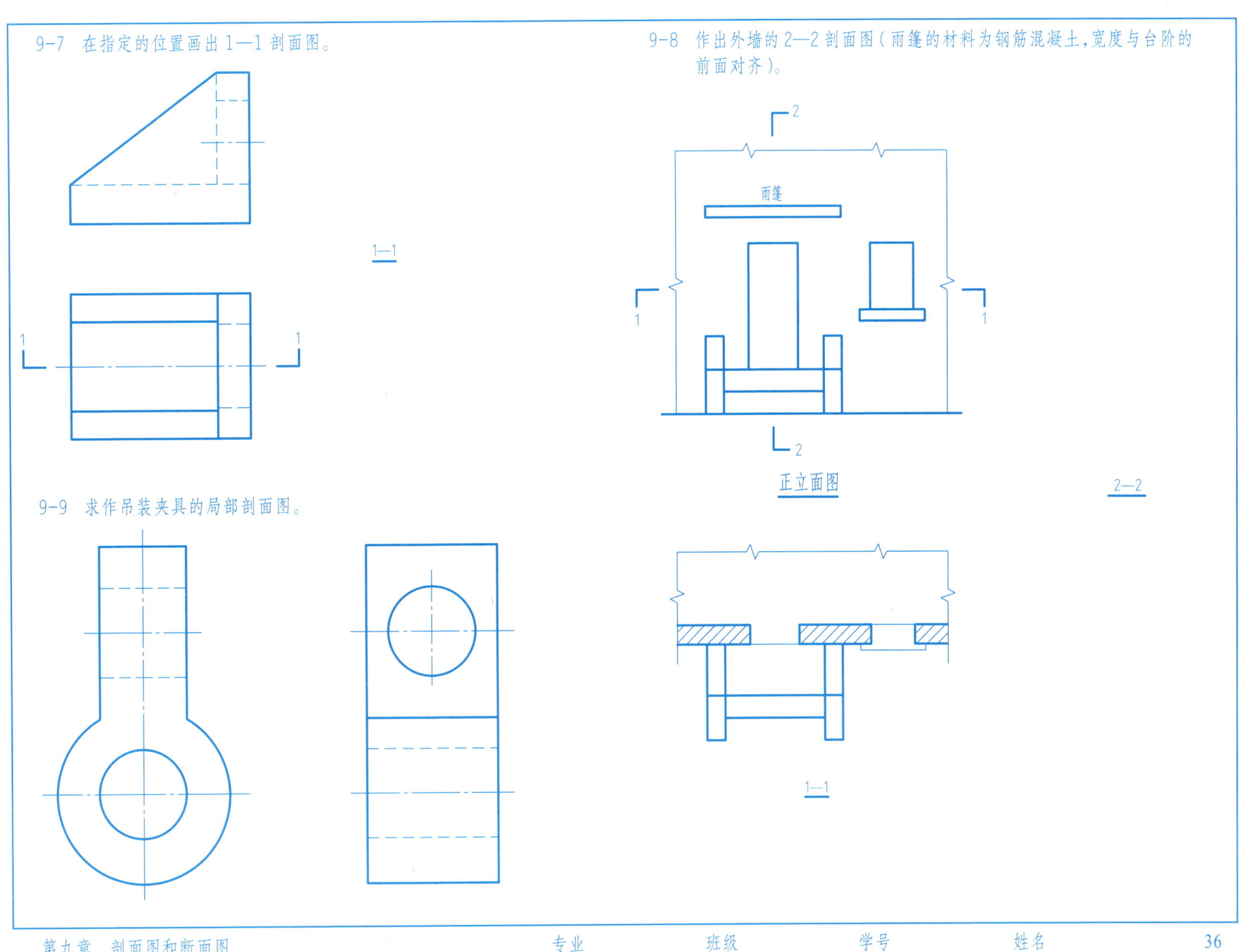

9-10 画出 1—1 断面图和 2—2 剖面图。

9-11 已知形体的投影和 1—1 断面图,画出 2—2 剖面图。

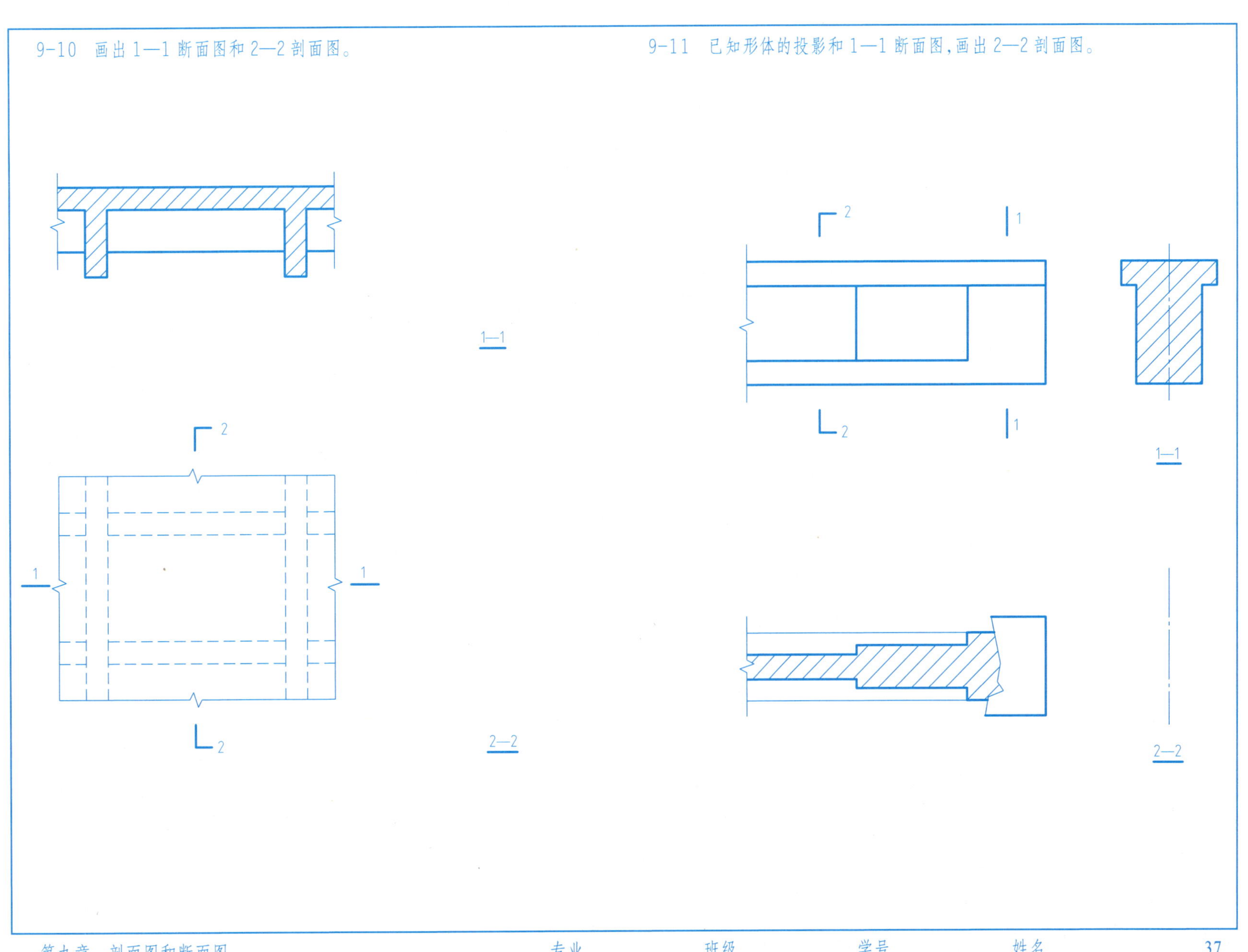

9-12 按图 a 中的 A—A 移出断面图，分别在图 b 中画出中断断面图及在图 c 中画出重合断面图。

9-13 画出柱子的 1—1、2—2、3—3、4—4 断面图。

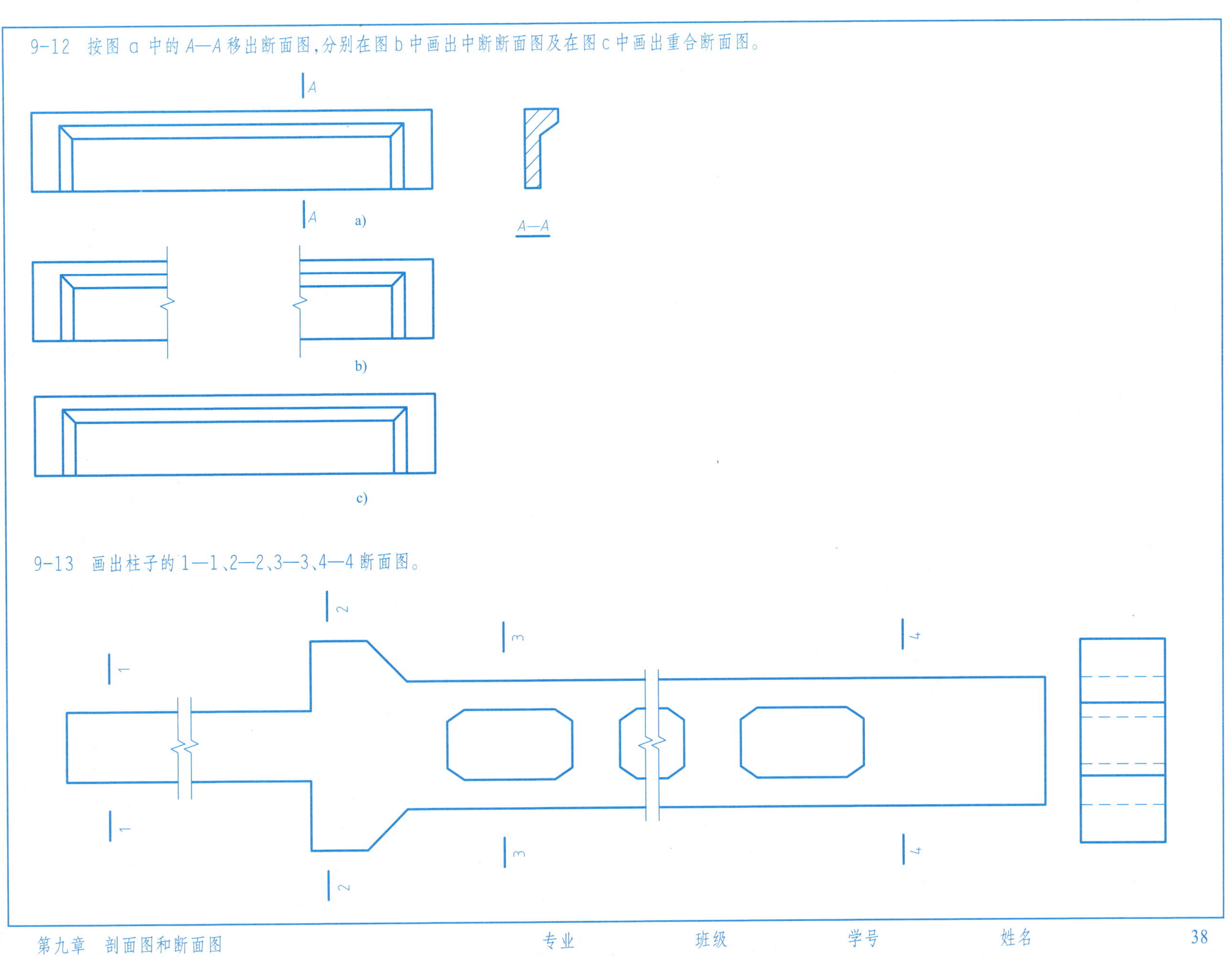

9-14 画出渠道的4—4剖面图。

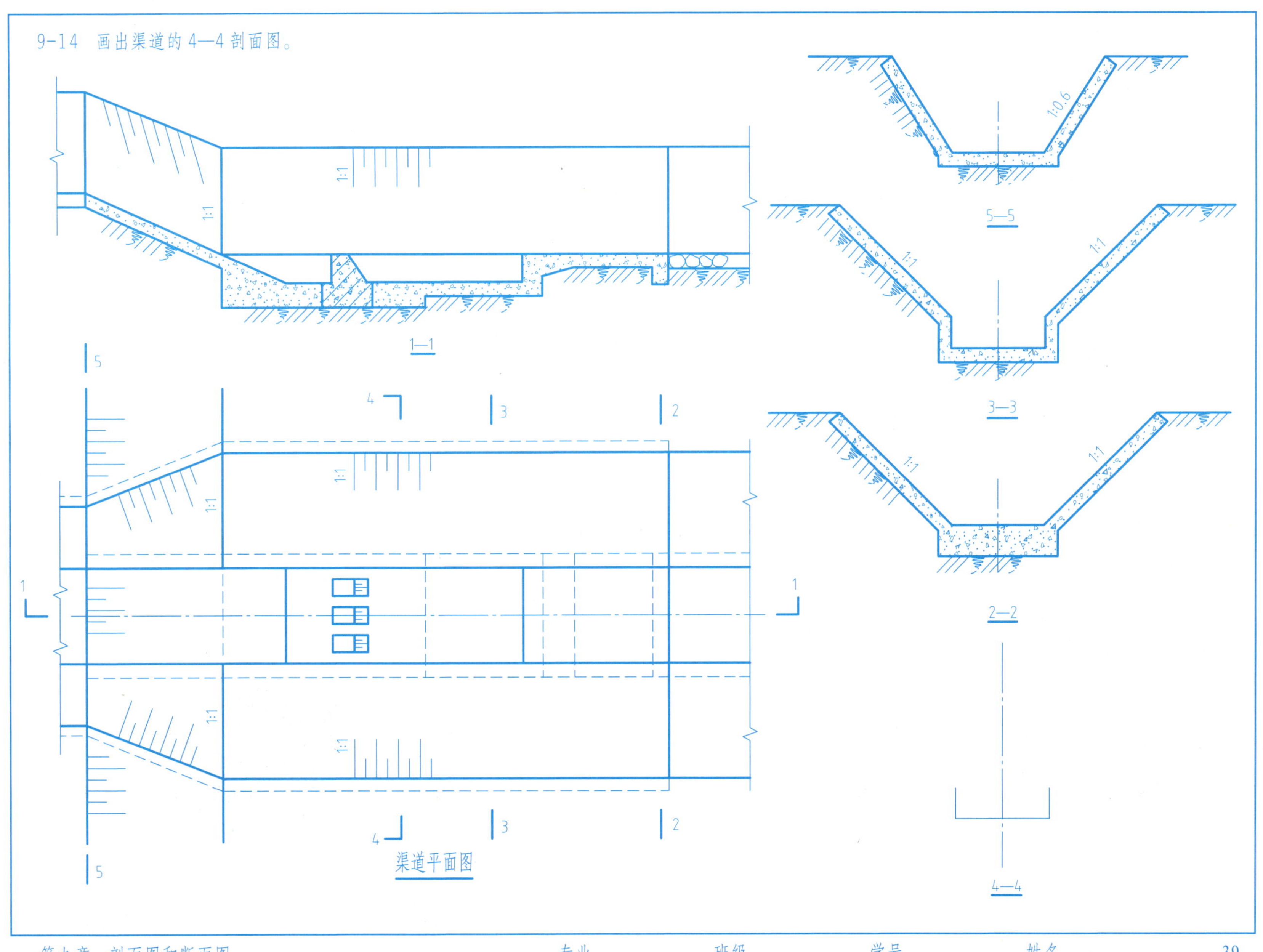

9-15 按尺寸用适当的比例把三视图抄绘在 A3 图幅图纸上，并将沉井的正立面图和左侧立面图改画成合适的剖面图。可画成铅笔图或墨线图（尺寸单位：cm）。

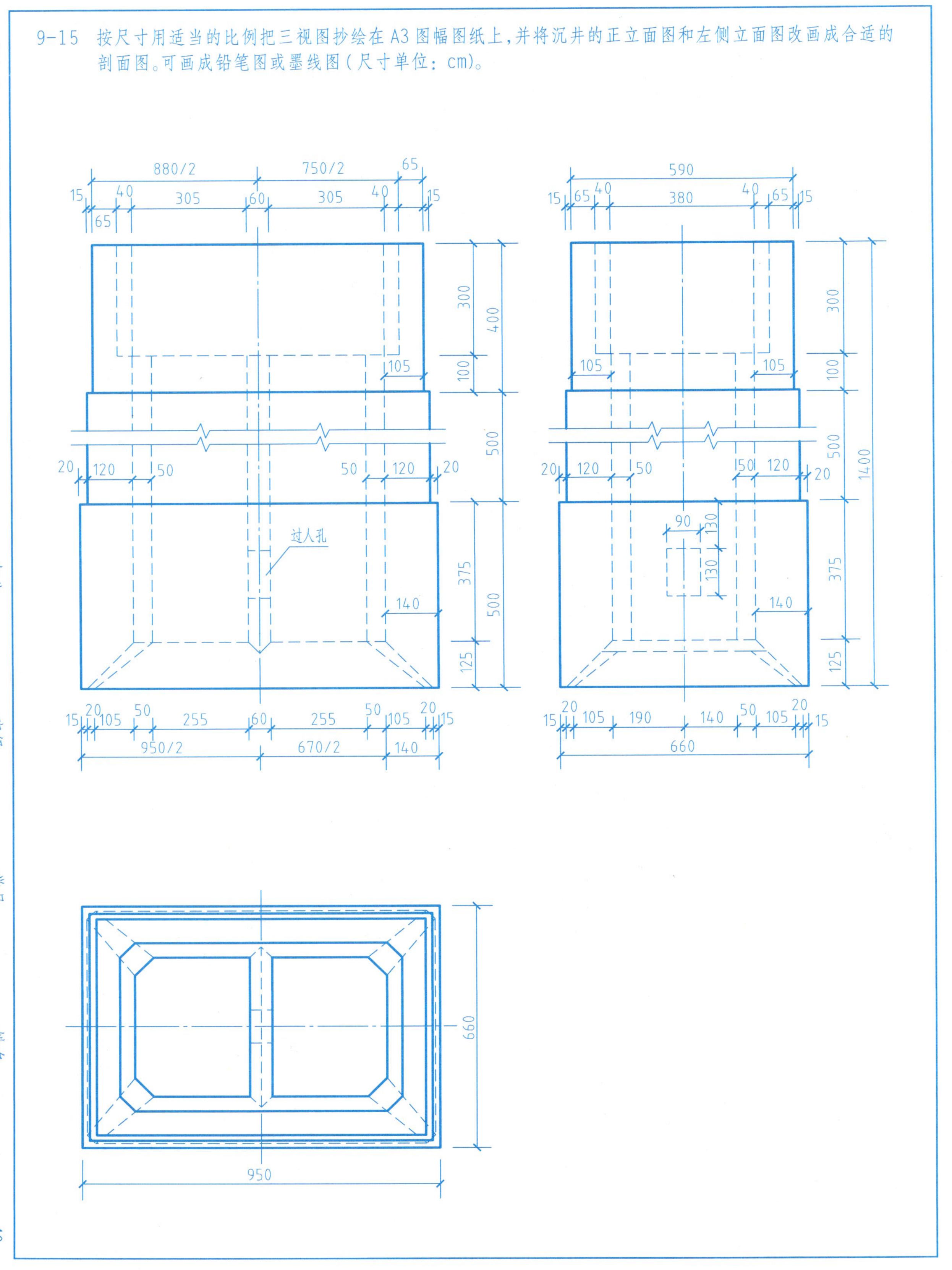

9-16 补画出窨井的左侧立面图，将它和正立面图改画为适当的剖面图，并按尺寸用适当比例把三视图抄绘在A3图幅上。可画铅笔图或墨线图（尺寸单位：mm）。

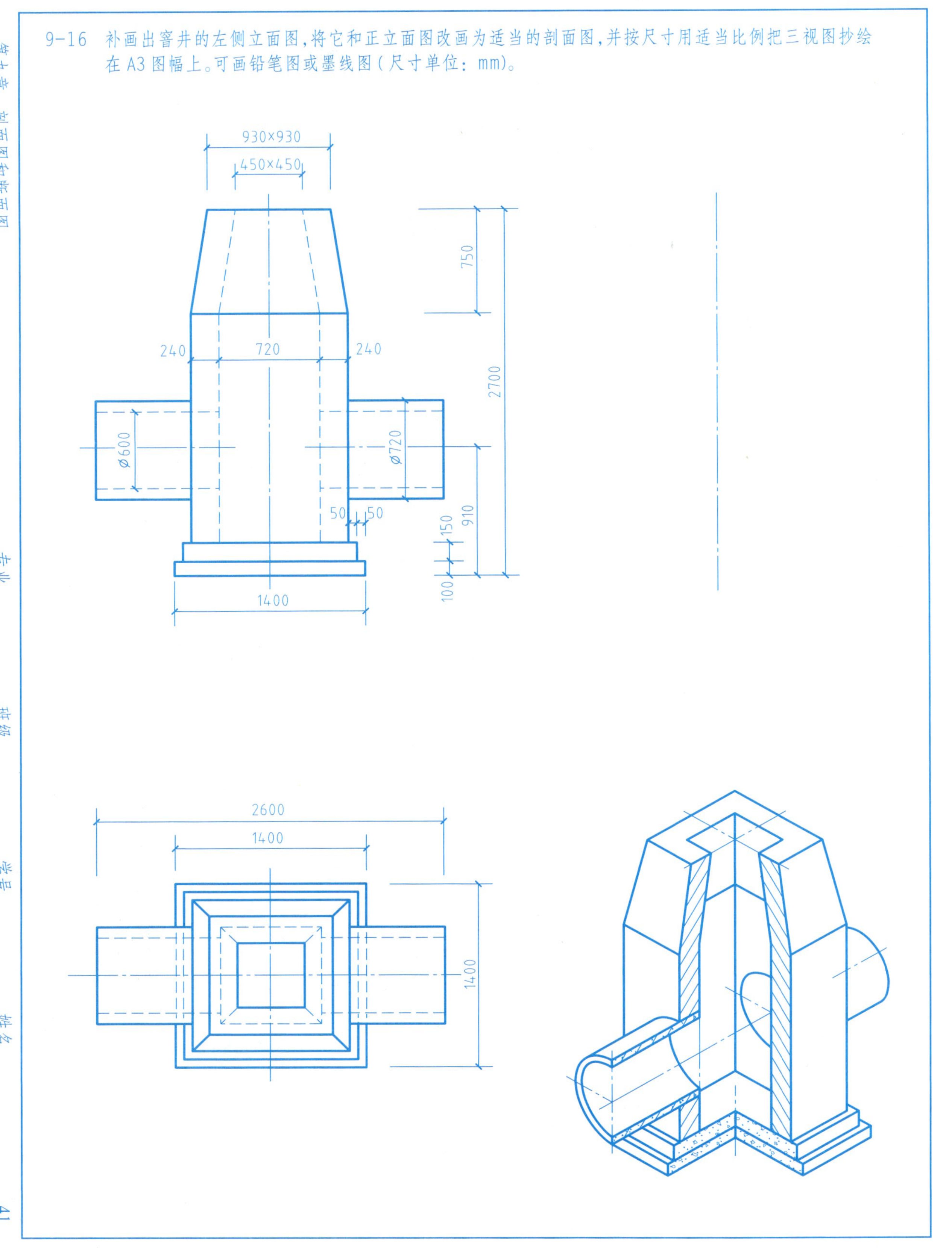

10-1 用轴向伸缩系数画出形体的正等轴测图。

10-2 用简化轴向伸缩系数画出形体的正等轴测图。

10-3 用简化轴向伸缩系数画出形体的正等轴测图。

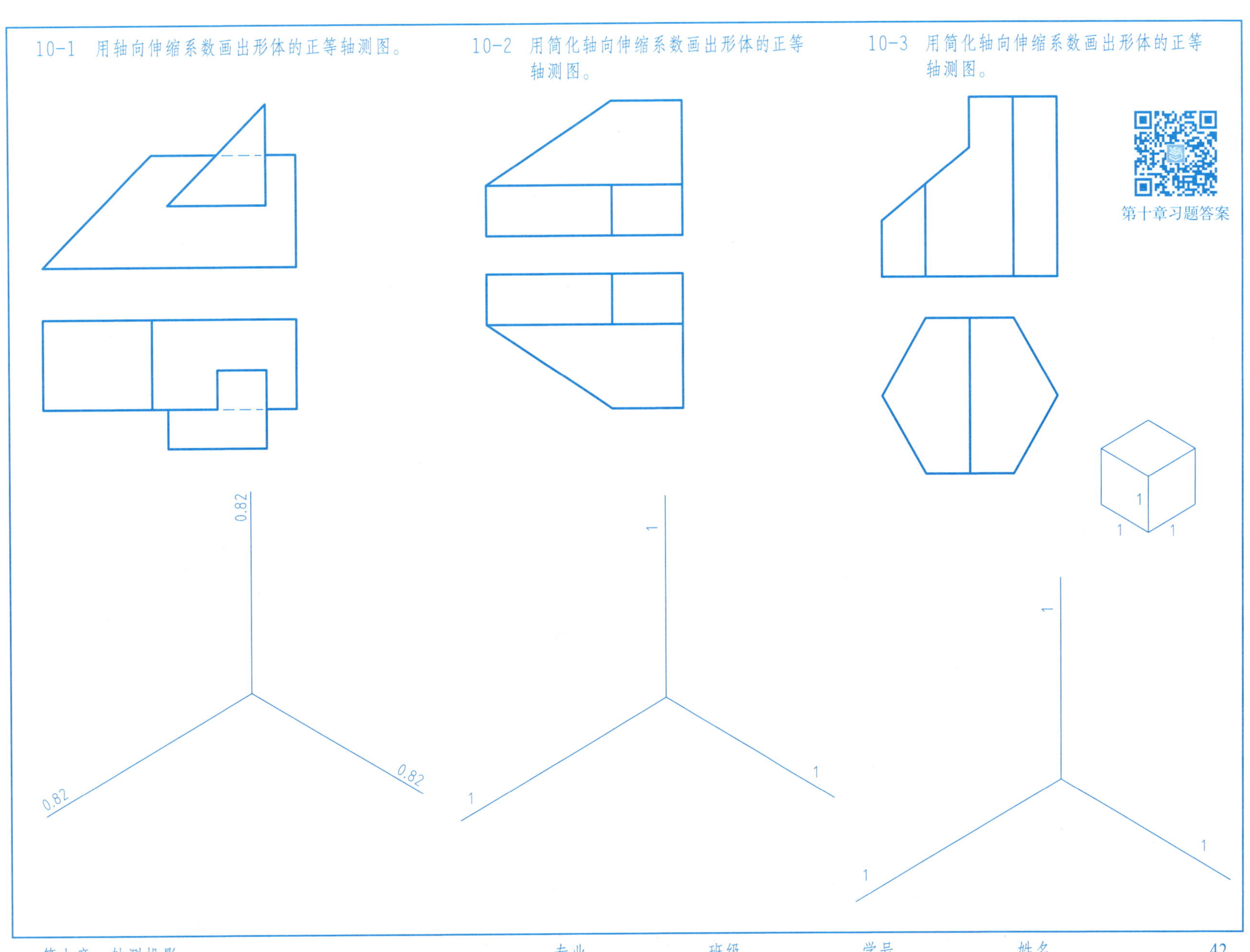

10-4　用简化轴向伸缩系数画出管道的正面斜等轴测图。

10-5　用简化轴向伸缩系数画出形体的正二轴测图。

10-6　画出涵洞涵身的正面斜二轴测图。

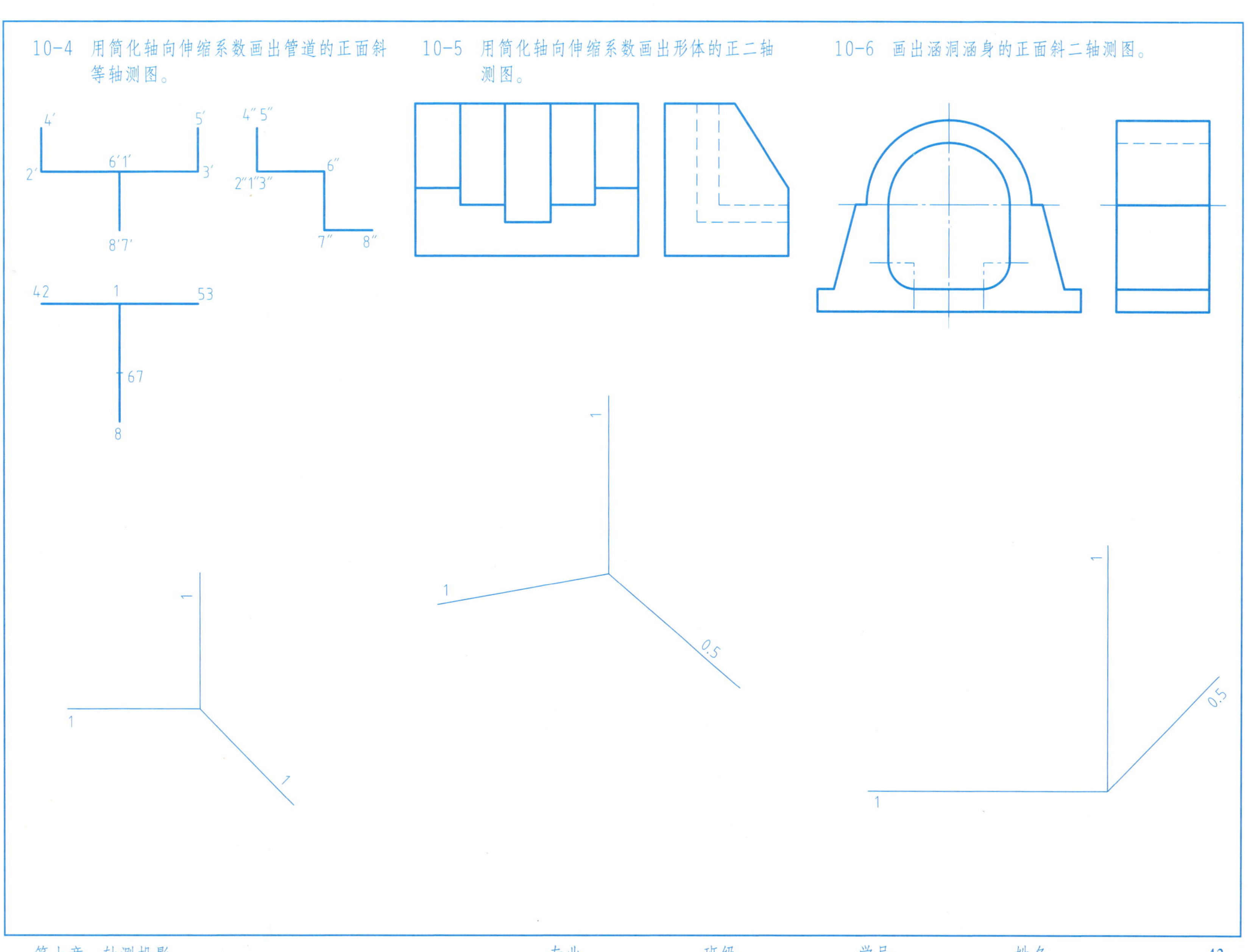

10-7 用简化轴向伸缩系数画出挡土墙的正面斜等轴测图。

10-8 用简化轴向伸缩系数画出楼梯的正等轴测图。

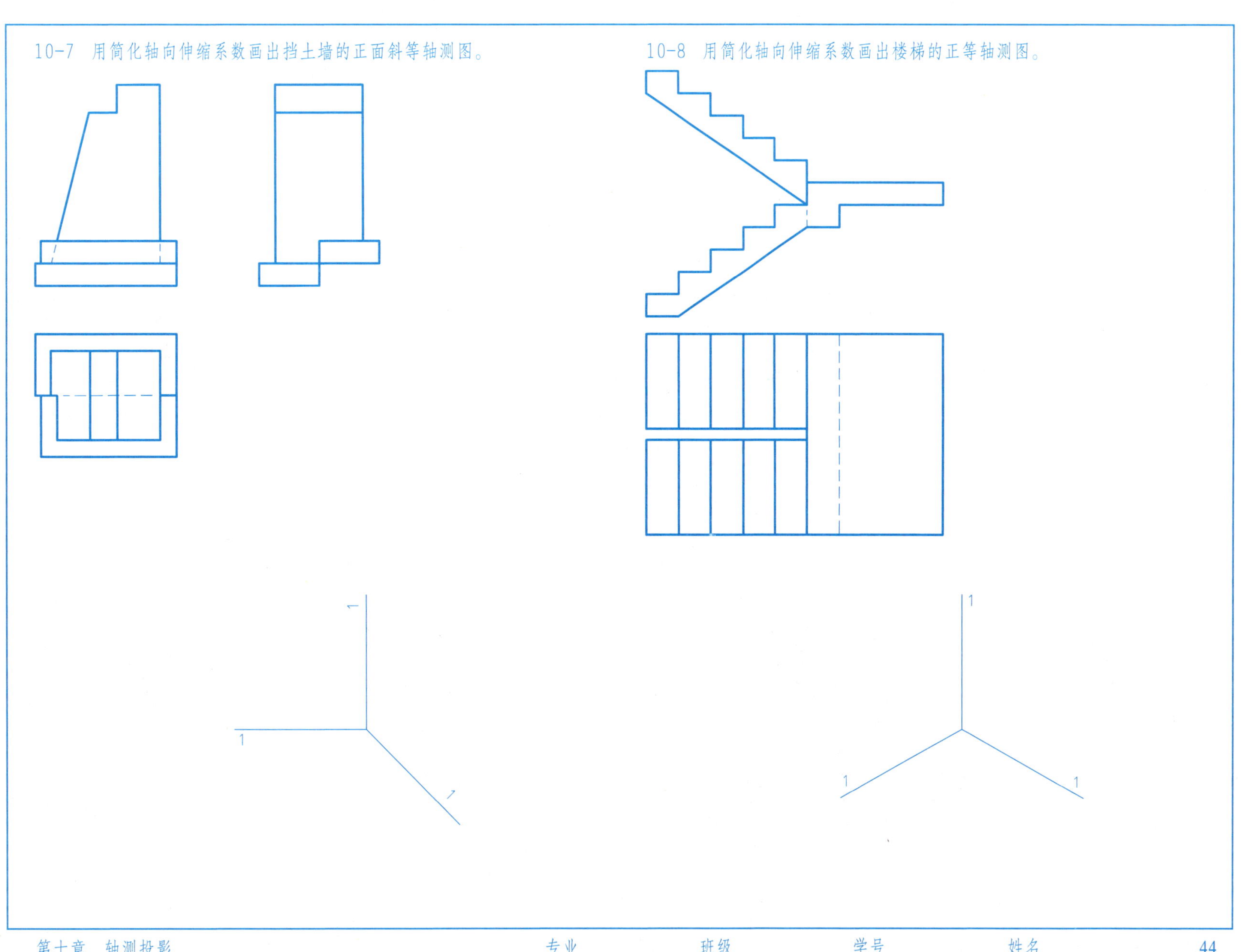

10-9 用简化轴向伸缩系数画出形体的正等轴测图。

10-10 用简化轴向伸缩系数画出形体的仰视图。

10-11 用简化轴向伸缩系数画出桥墩的正等轴测图。

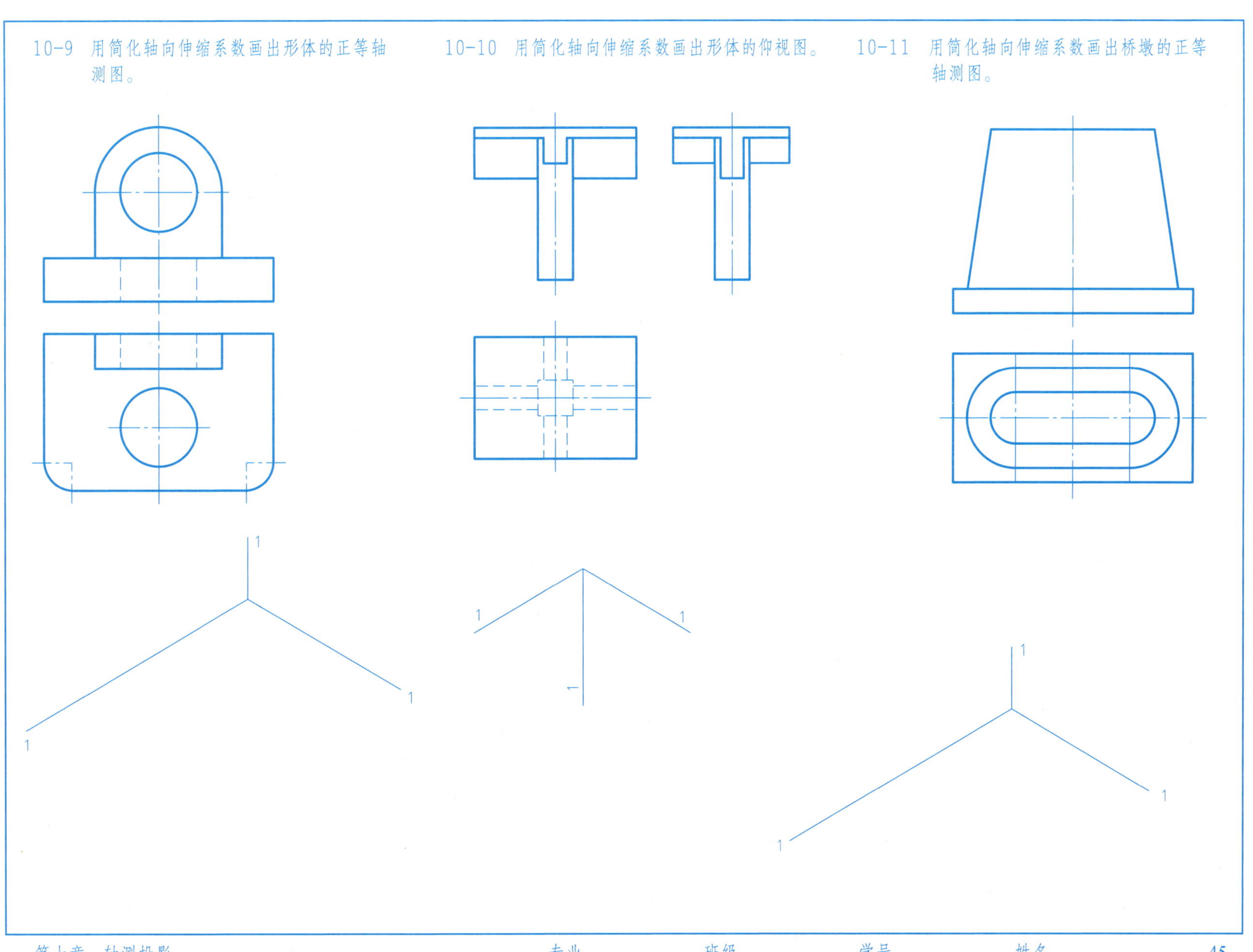

11-1　求线段 AB 的坡度 i、平距 l、实长 L、倾角 α 和线段上标高为整数高程的各点。

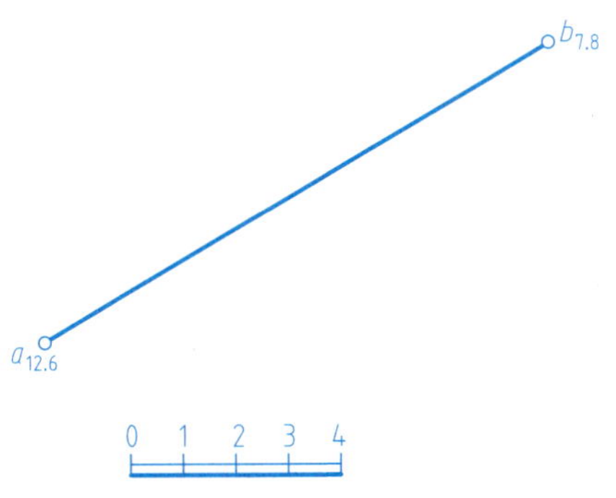

11-3　平面 P 由坡度 1∶1 和直线（过 a_7 点，坡度为 1∶2）确定，平面 Q 由坡度 1∶1.5 和等高线 6 确定，求作 P、Q 两平面的交线。

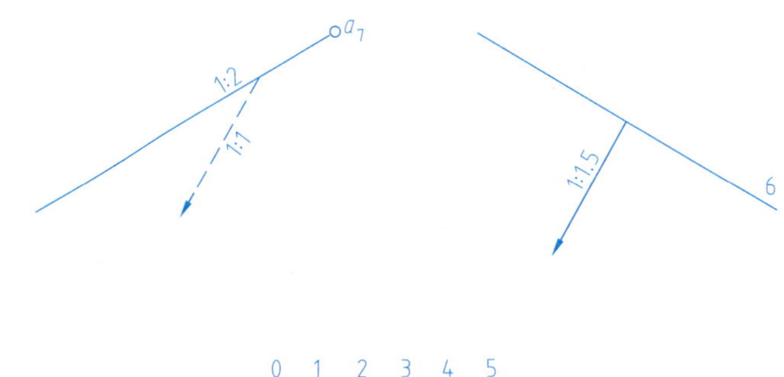

11-2　求作平面△ABC 的坡度比例尺并作出该平面对 H 面的倾角 α。

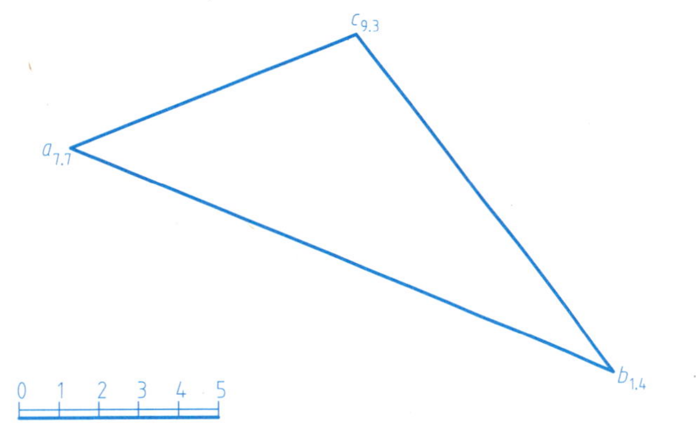

第十一章习题答案

11-4 两堤顶的标高及各边坡坡度如图所示，求各边坡与标高为 ±0.00 的地面的交线及各边坡之间的交线。

11-5 在地面高程为 ±0.00 处修一坡道至某车库，车库地面高程为 -2.5，坡道两侧边坡坡度为 4 : 1，求作坡道与地面的交线。

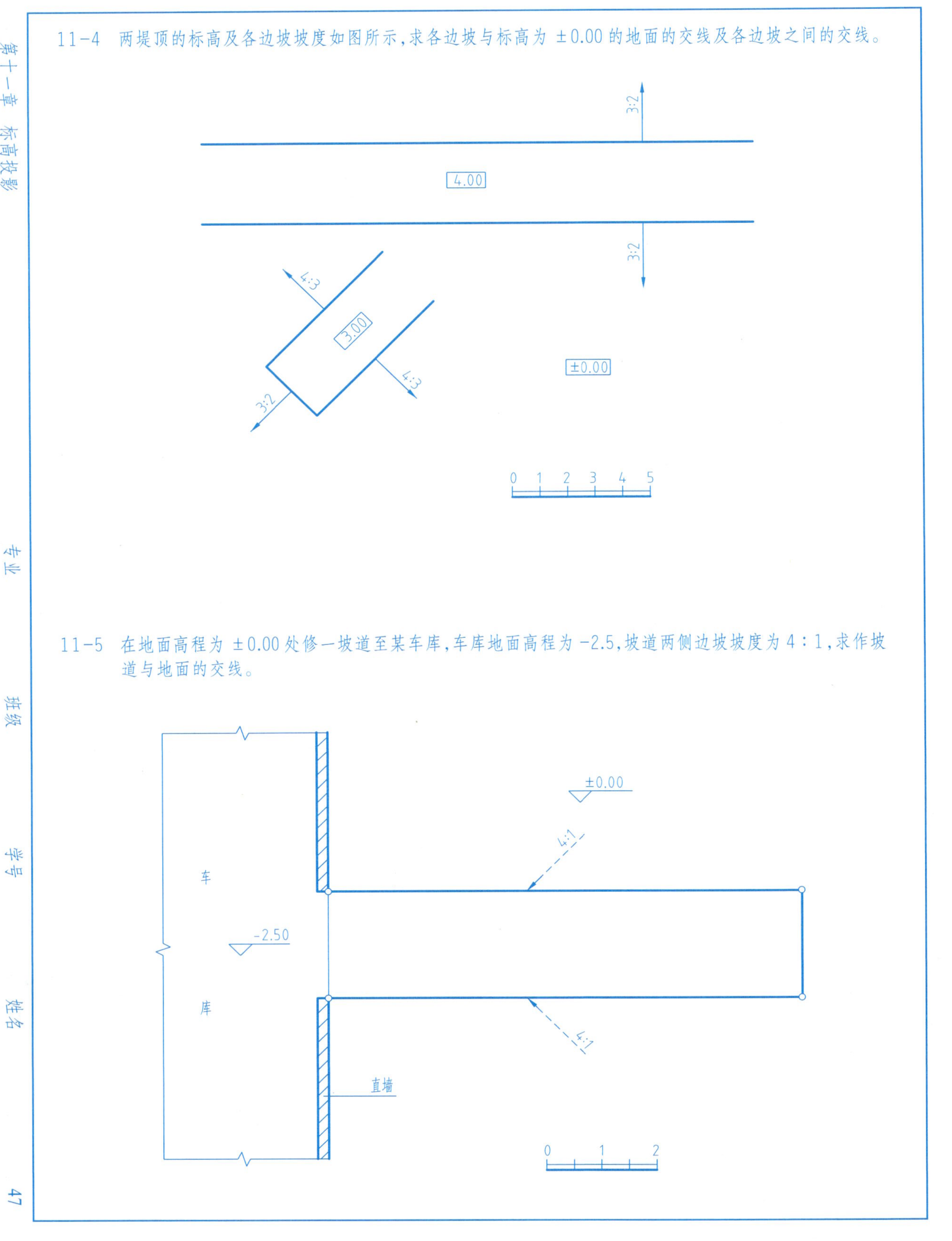

11-6 已知地形图上土坝坝轴线的位置和标准断面图,试求作:(1)土坝平面图;(2)土坝下游立面图(比例见土坝下游立面图)。

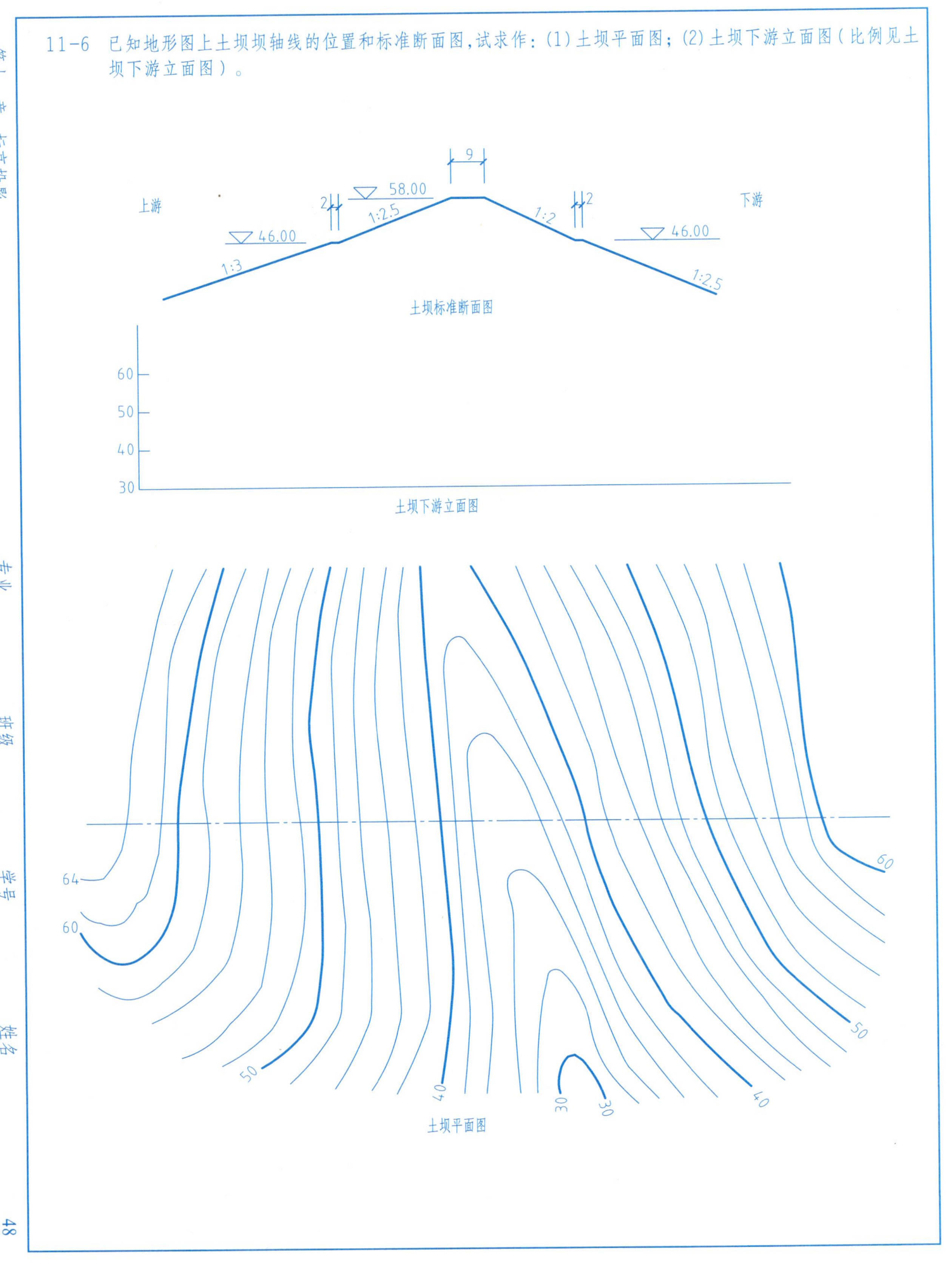

11-7 求广场及斜引道的坡面与地形面的交线、坡面间的交线及斜引道与地形面的交线。坡面的挖方坡度为3:2,填方坡度为1:1。

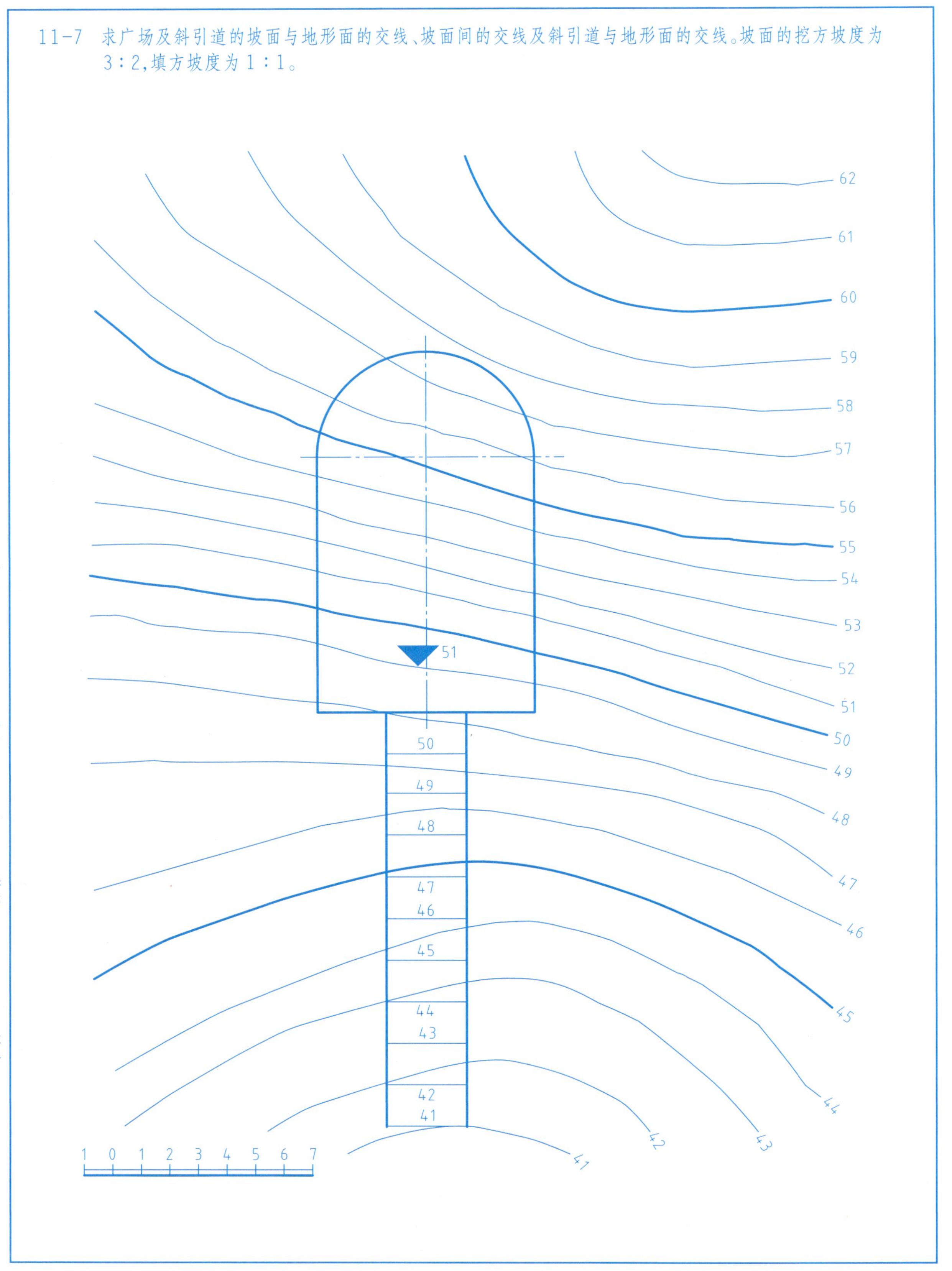

11-8 在地形面上修筑一道路，其填方、挖方边坡如填方、挖方标准断面图所示，试用断面法求作开挖线和坡脚线（比例 1：500）。

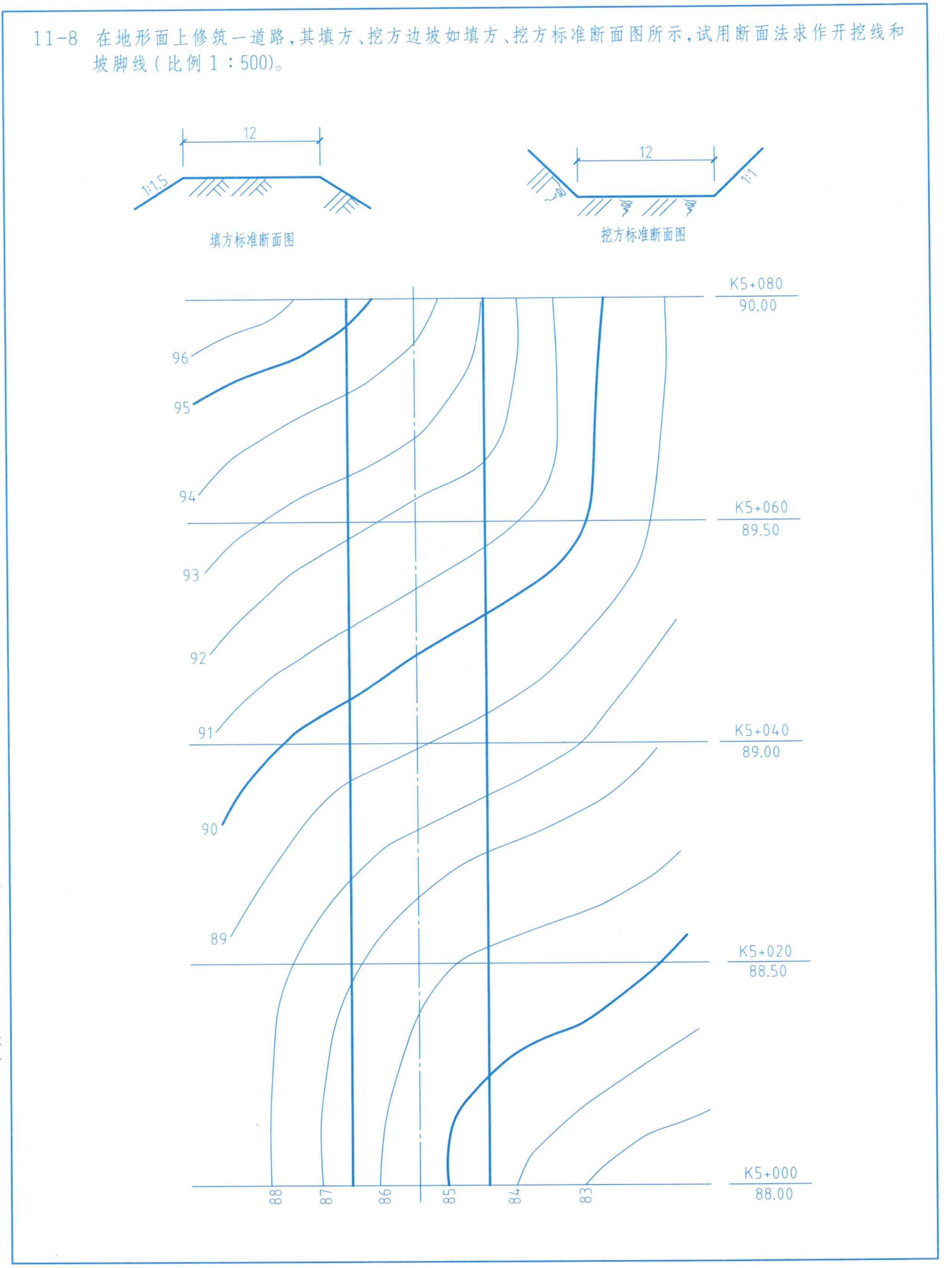

11-9 A 至 B 为一直线管道，试用虚线和实线分别表明管道 AB 埋入地下和露出地面外的各段。

11-10 在地面上修筑一段有坡度的道路，其填方坡度与挖方坡度均为 1：1，求作填方、挖方界线。

12-1　直线 *AB*、*CD*、*EF* 在基面上，求作直线的透视图。

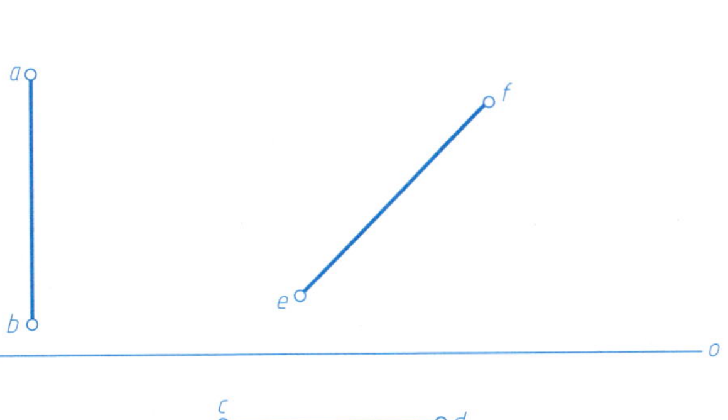

12-2　水平面 *ABCDEF* 高于基面 30 mm，求作此平面的透视图。

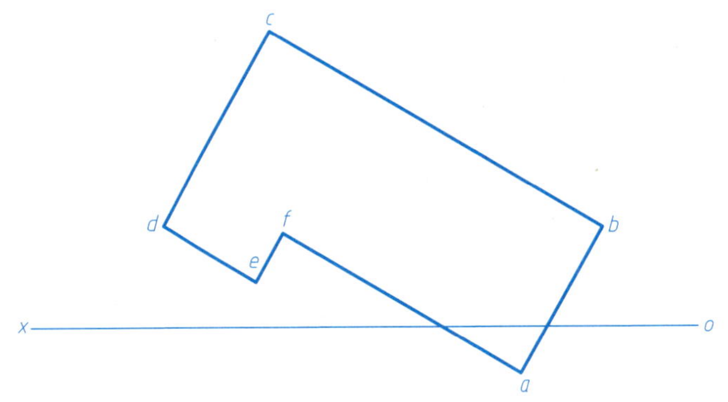

第十二章习题答案

12-3 求作铅垂面 *ABCDE* 的透视图。

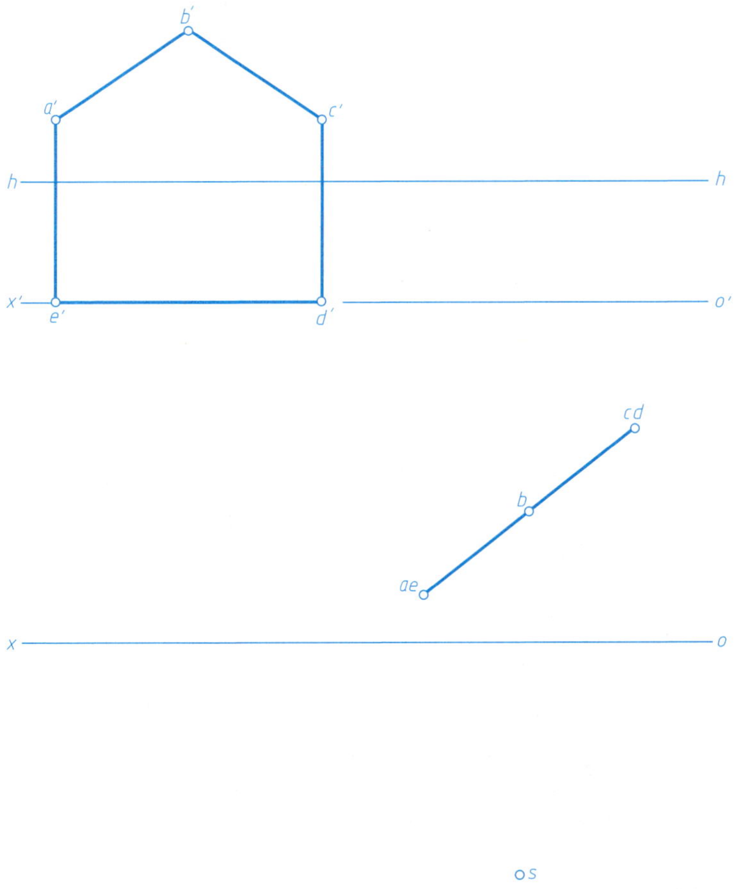

12-4 以方块 *A*、*B*、*C*、*D* 为底作高 35 mm 的方柱的透视图，在 *1*、*2*、…、*9* 各点处作高 45 mm 的立杆的透视图。

12-5 求作组合体的透视图。

12-6 已知 *A* 处树高 3 m，试在 *B* 处画高 4 m、在 *C* 处画高 5 m 的树。

12-7 作台阶的透视图，并求出斜线的灭点。

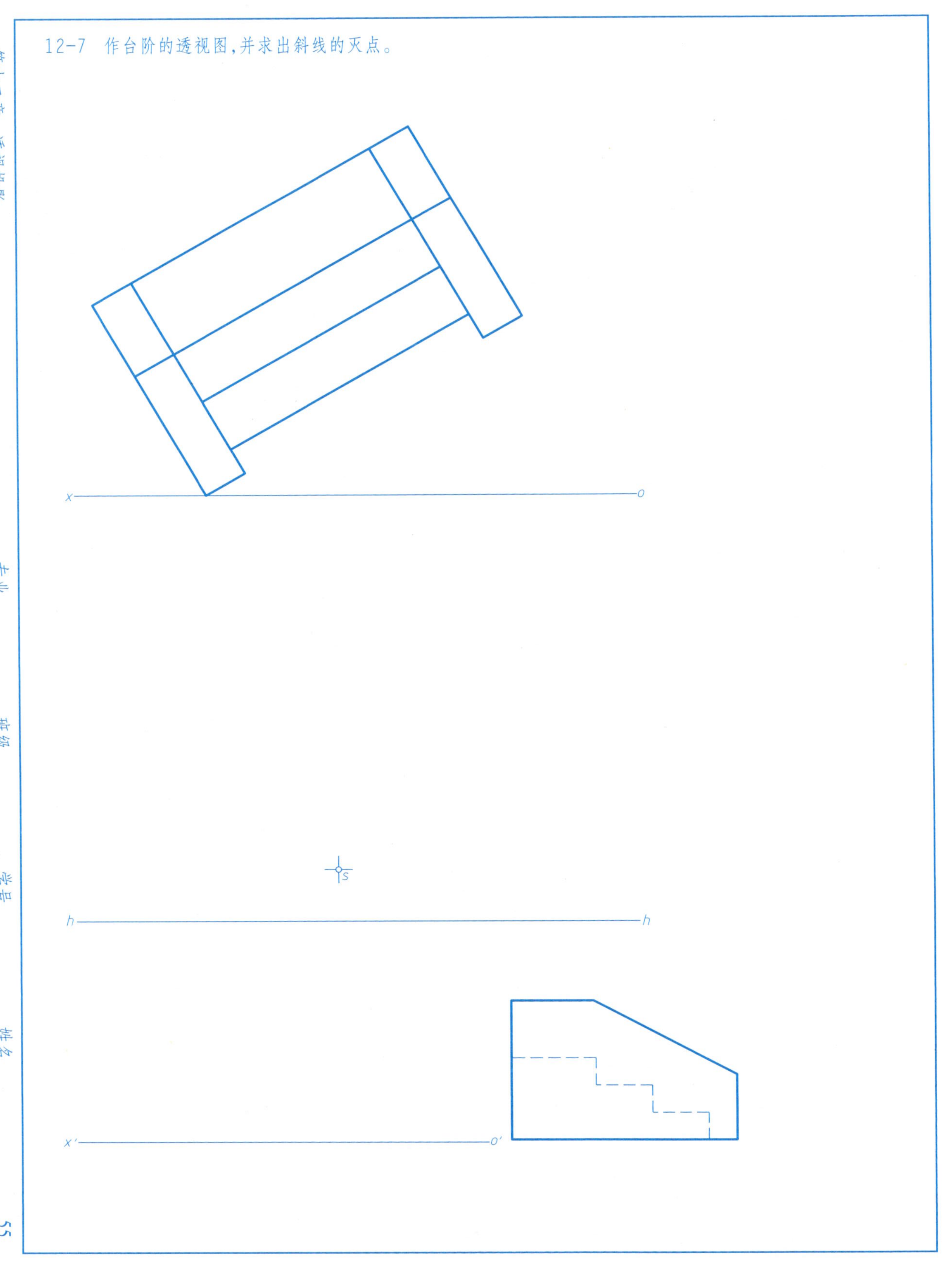

13-1 按样图放大一倍，用四心法画出椭圆形拱门的轮廓。

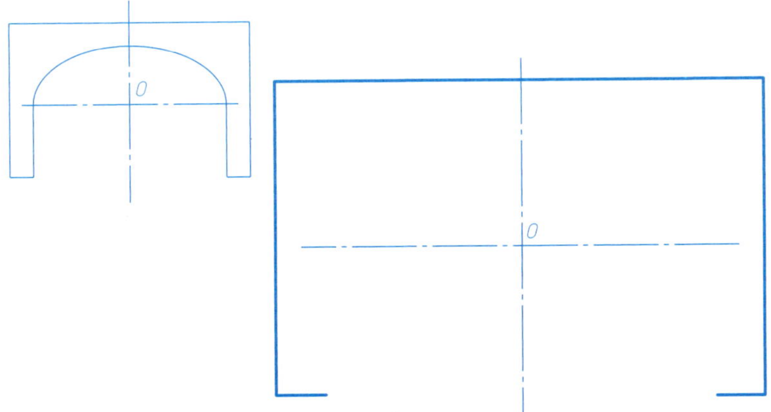

13-2 在A4幅面图纸上绘制如图所示的线型。

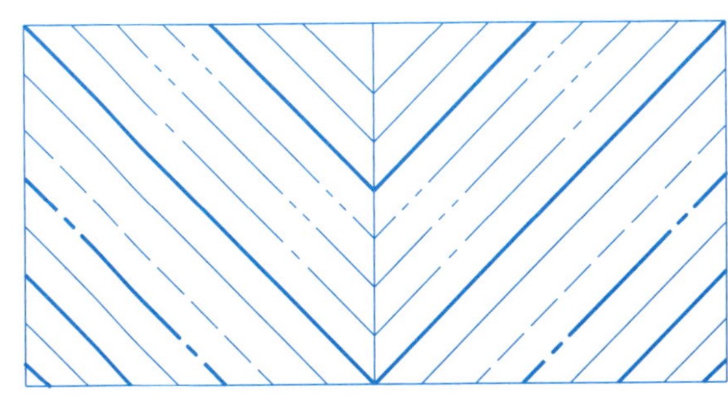

13-3 按1：20的比例在A4幅面图纸上绘制图示窗的立面图（尺寸单位：mm）。

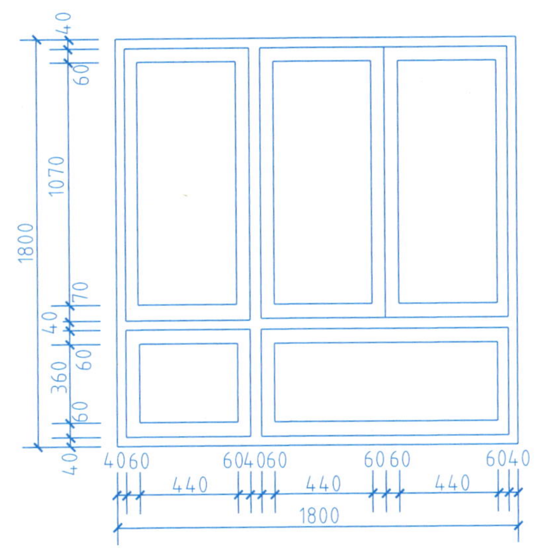

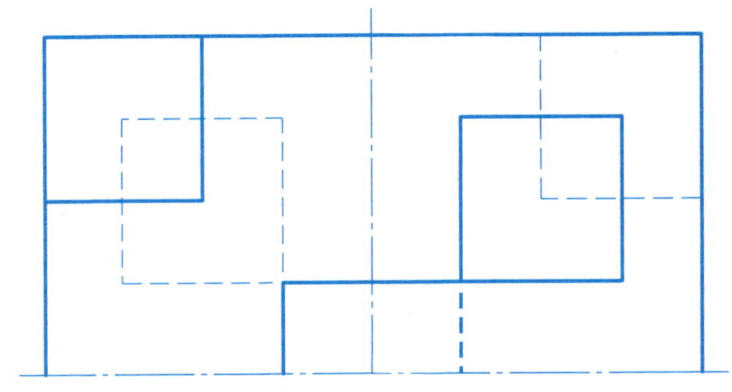

13-4 补绘图中的材料图例。

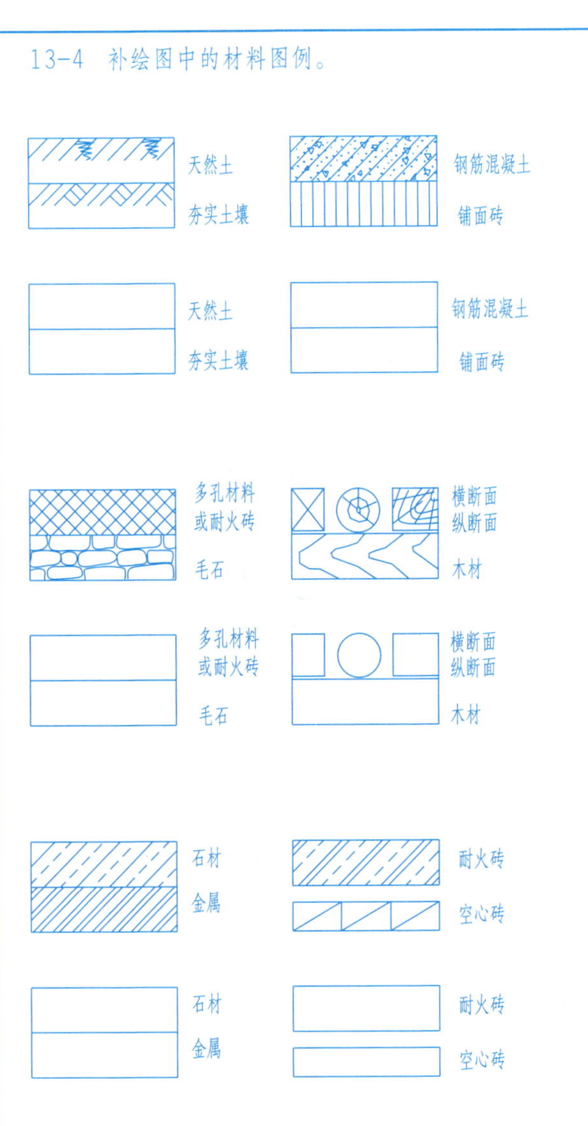

13-5 绘制如图所示的曲线及多边形。

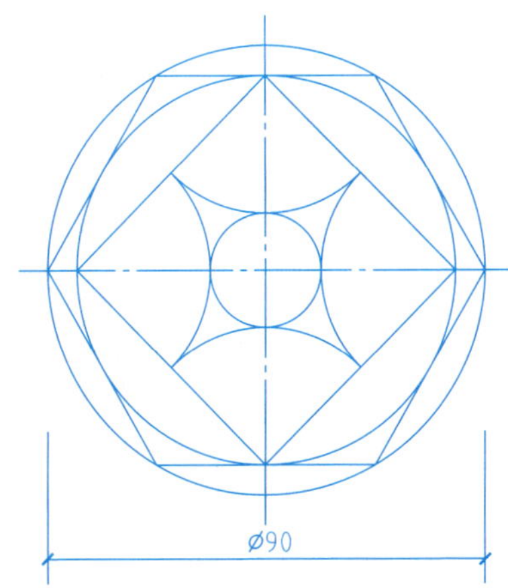

13-6 用 1∶1 的比例在 A4 幅面图纸上抄绘所给图形，要求准确找出连接点及连接中心。

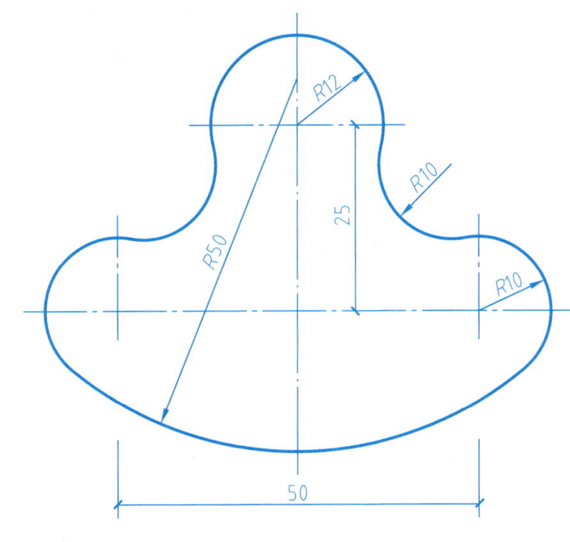

13-7 练习一般字体。

1. 宽字体（笔画宽度为字高的 1/10）。

ABCDEFGHIJKLMN

abcdefghijklmn

1234567890

ABCabcd1234 75°

2. 窄字体（笔画宽度为字高的 1/14）。

ABCDEFGHIJKLMN

abcdefghijklmn

1234567890

ABCabcd1234 75°

工程字练习一 □□□ 专业  □班 姓名 □□□ 学号______ 日期______

13-8 练习一般字体(笔画宽度为字高的 1/10)。

建 筑 是 凝 固 的 艺 术

东南西北方向平立剖面　　设计说明房屋道路大坝

勾缝粉刷铺装垫层碎石　　校核栏杆楼板闸门桩基

工程字练习二 专业 班 姓名 学号 日期

14-1 在计算机中新建一个文件,绘出如图所示的图形(并用多义线绘出有线宽的图形)。

14-2 在计算机中各新建一个文件,并设置多个图层(颜色自定,线型为实线),在各个图层上分别绘出如图所示的家具平面图。

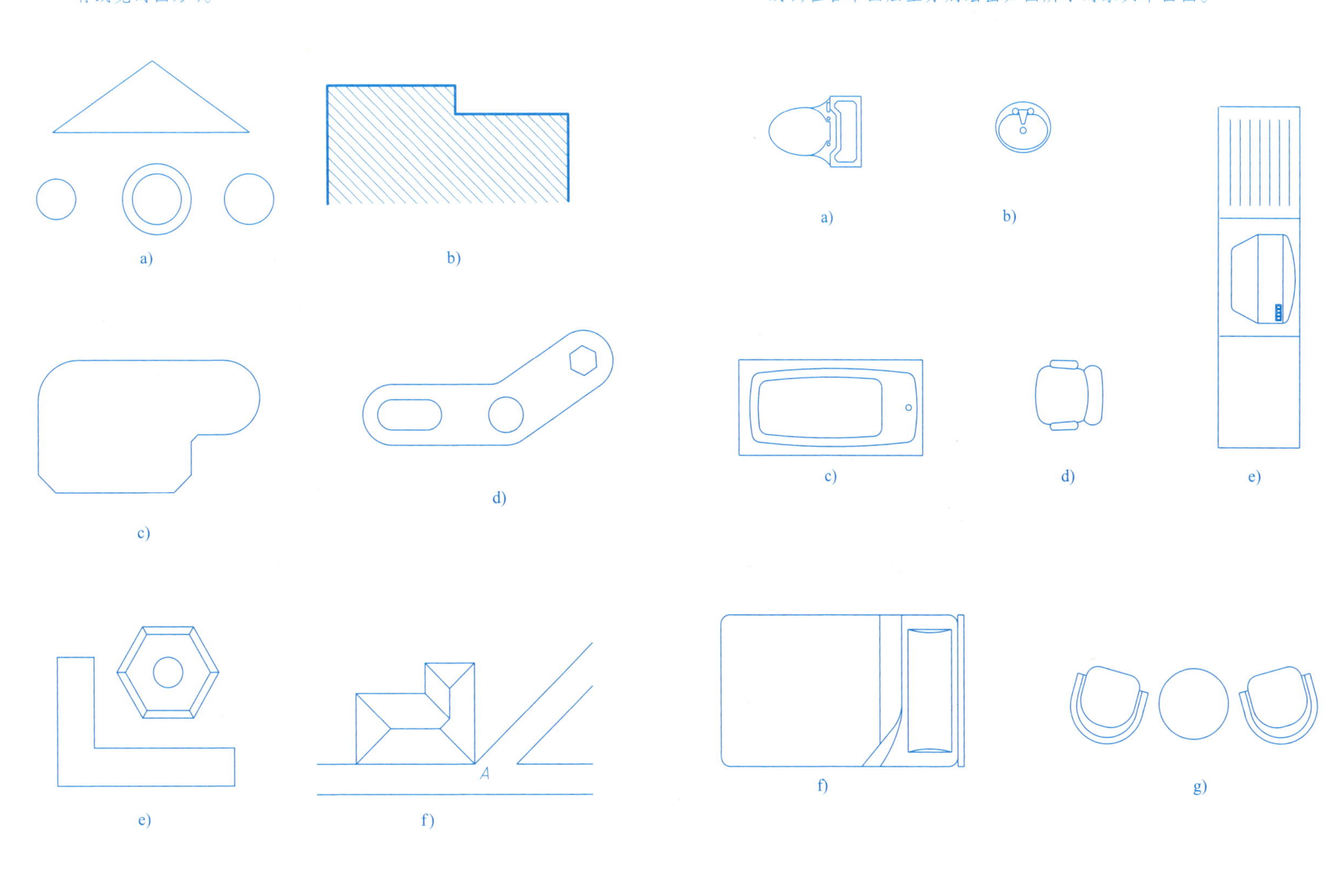

14-3 用 AutoCAD 按 1∶1 的比例绘制 50 kg/m 钢轨断面图(尺寸单位: mm)。

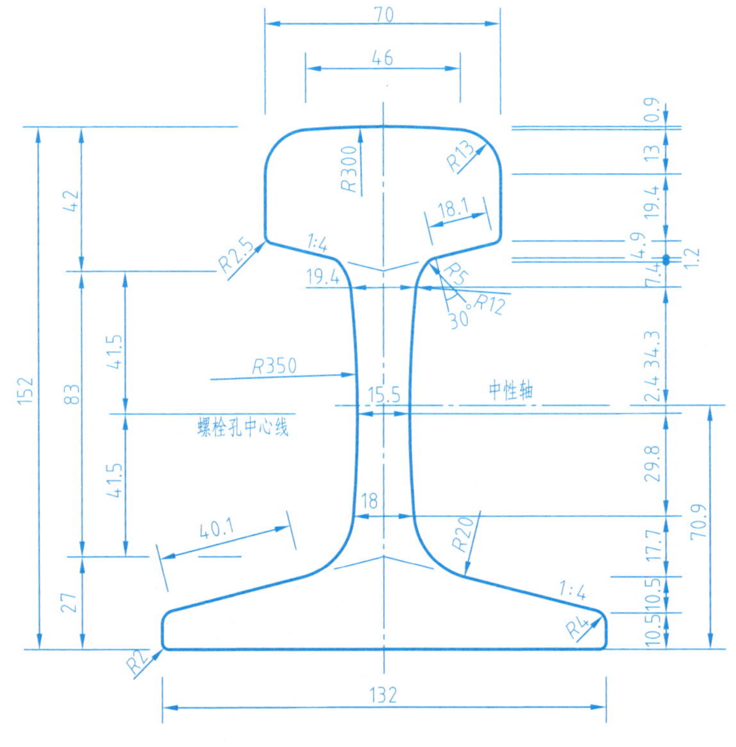

14-4 在计算机中新建一个文件,设置图层 QIANG(颜色为蓝色,线型为实线),图层 ZX(颜色为红色,线型为虚线),图层 PD(颜色为绿色,线型为实线),按 1∶50 的比例绘出如图所示卫生间平面图,要求将 14-2 所画的洁具平面图以图块的形式插入其中,并标注尺寸(尺寸单位: mm)。

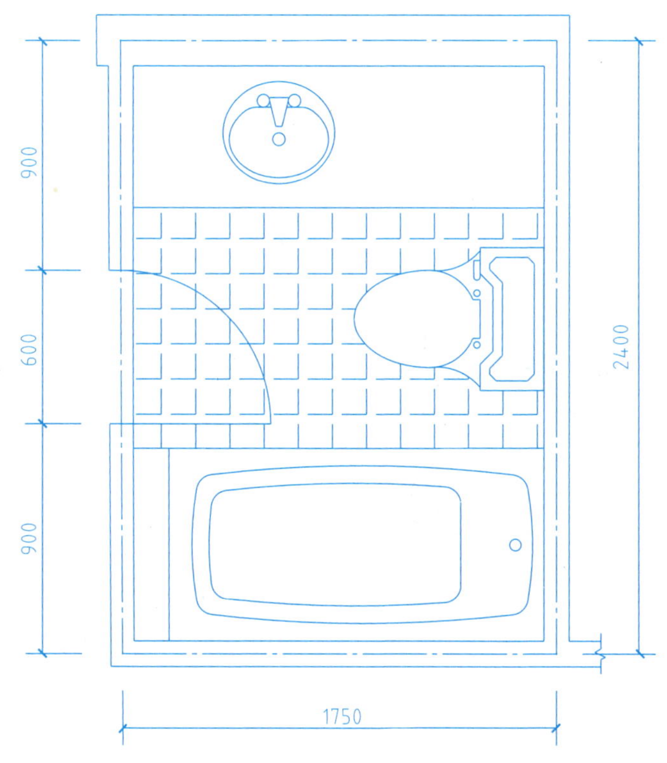

14-5　在计算机中新建一个文件，设置图层 QIANG(颜色为蓝色，线型为实线)，图层 ZX(颜色为红色，线型为虚线)、图层 PD(颜色为绿色，线型为实线)，按 1∶50 的比例绘出如图所示标准层客房平面图，要求将前面所画的 14-2、14-4 中的平面图以图块的形式插入其中，并标注尺寸(尺寸单位：mm)。

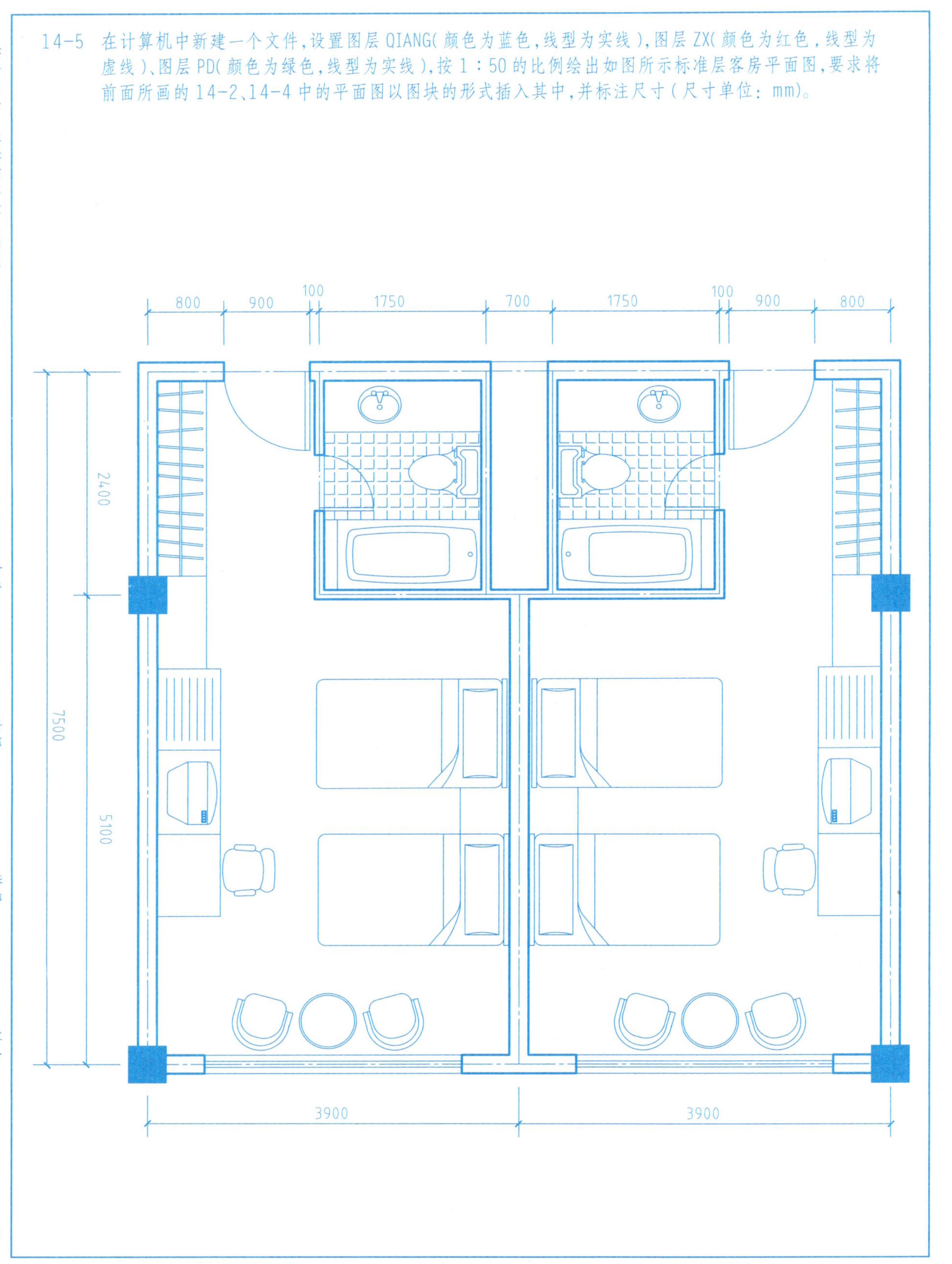

14-6 用 AutoCAD 以 1：50 的比例绘制避车洞图。

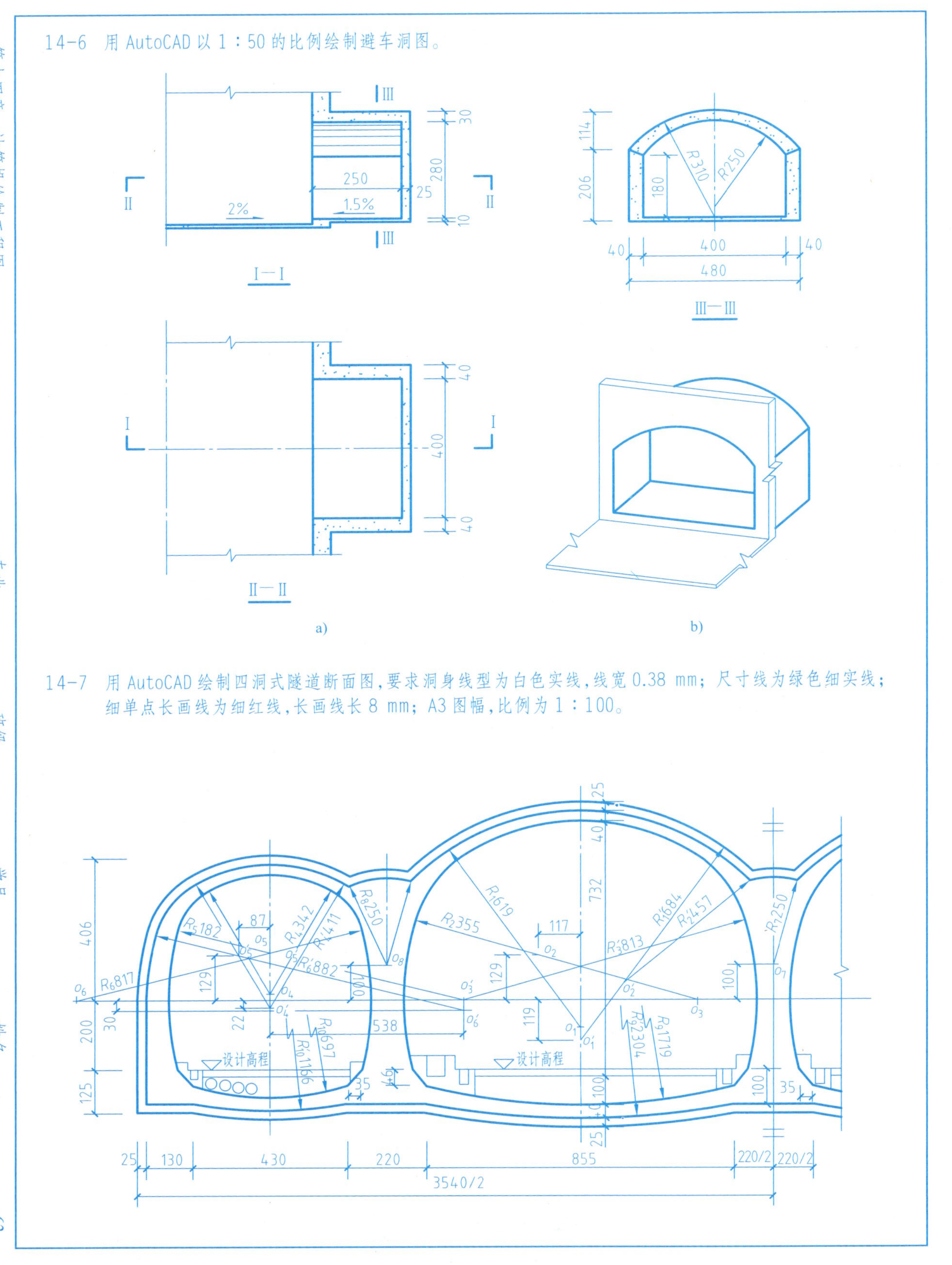

14-7 用 AutoCAD 绘制四洞式隧道断面图，要求洞身线型为白色实线，线宽 0.38 mm；尺寸线为绿色细实线；细单点长画线为细红线，长画线长 8 mm；A3 图幅，比例为 1：100。

14-8 用 AutoCAD 绘制水闸闸室结构图，闸室线型为白色实线，其他要求同题 14-7。

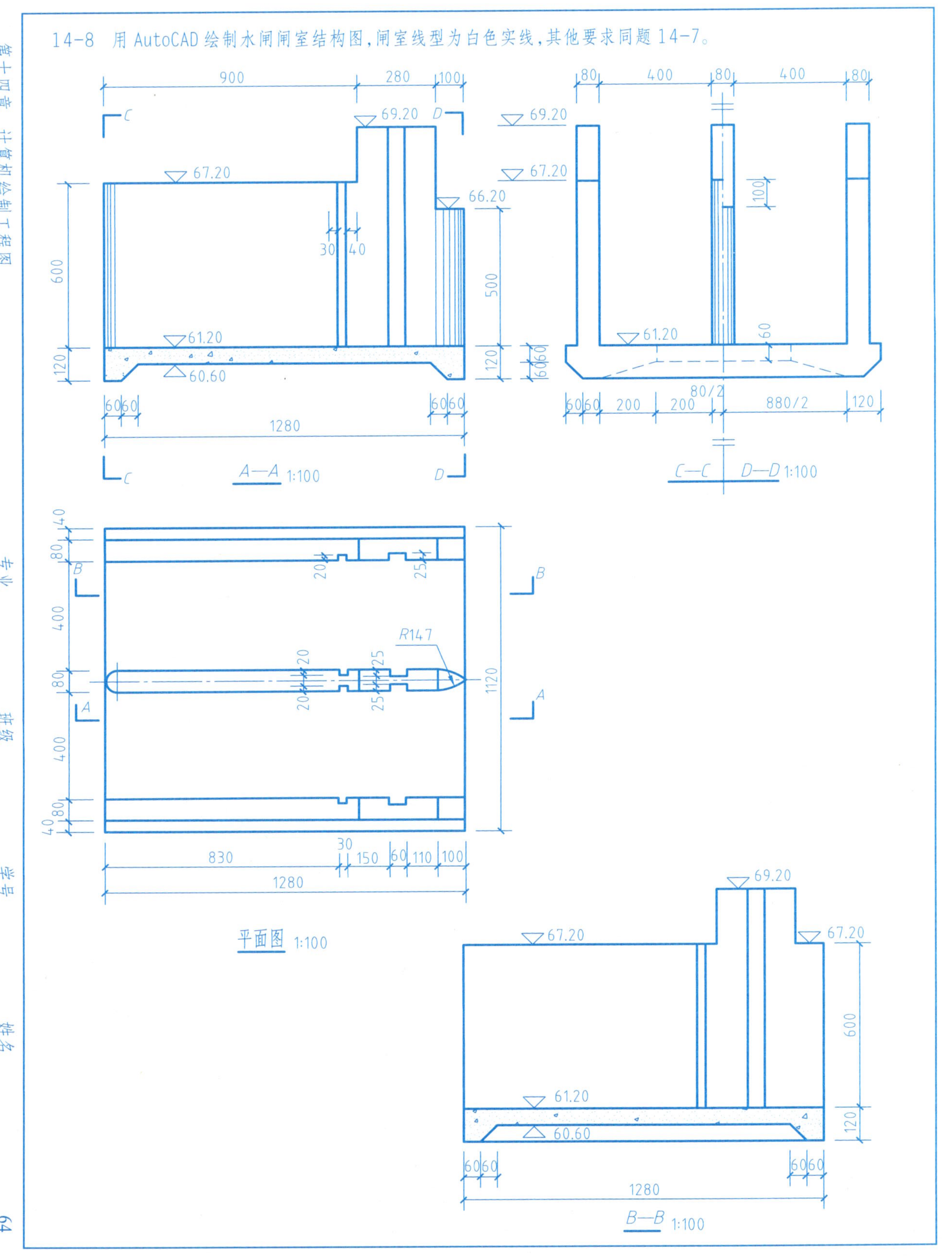

15-1 食堂一层平面图（尺寸单位：mm；标高单位：m）。

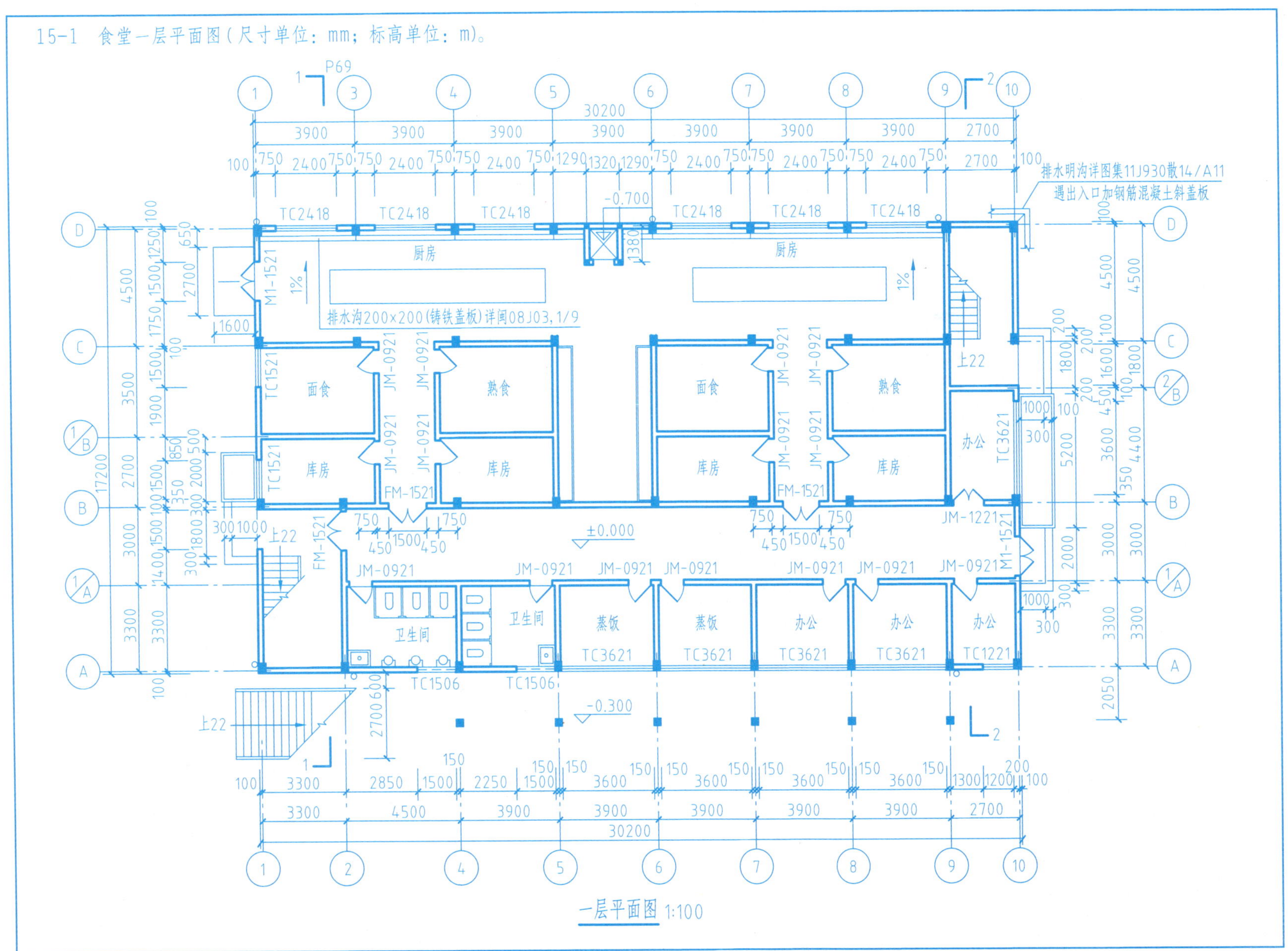

15-2 食堂二层平面图（尺寸单位：mm；标高单位：m）。

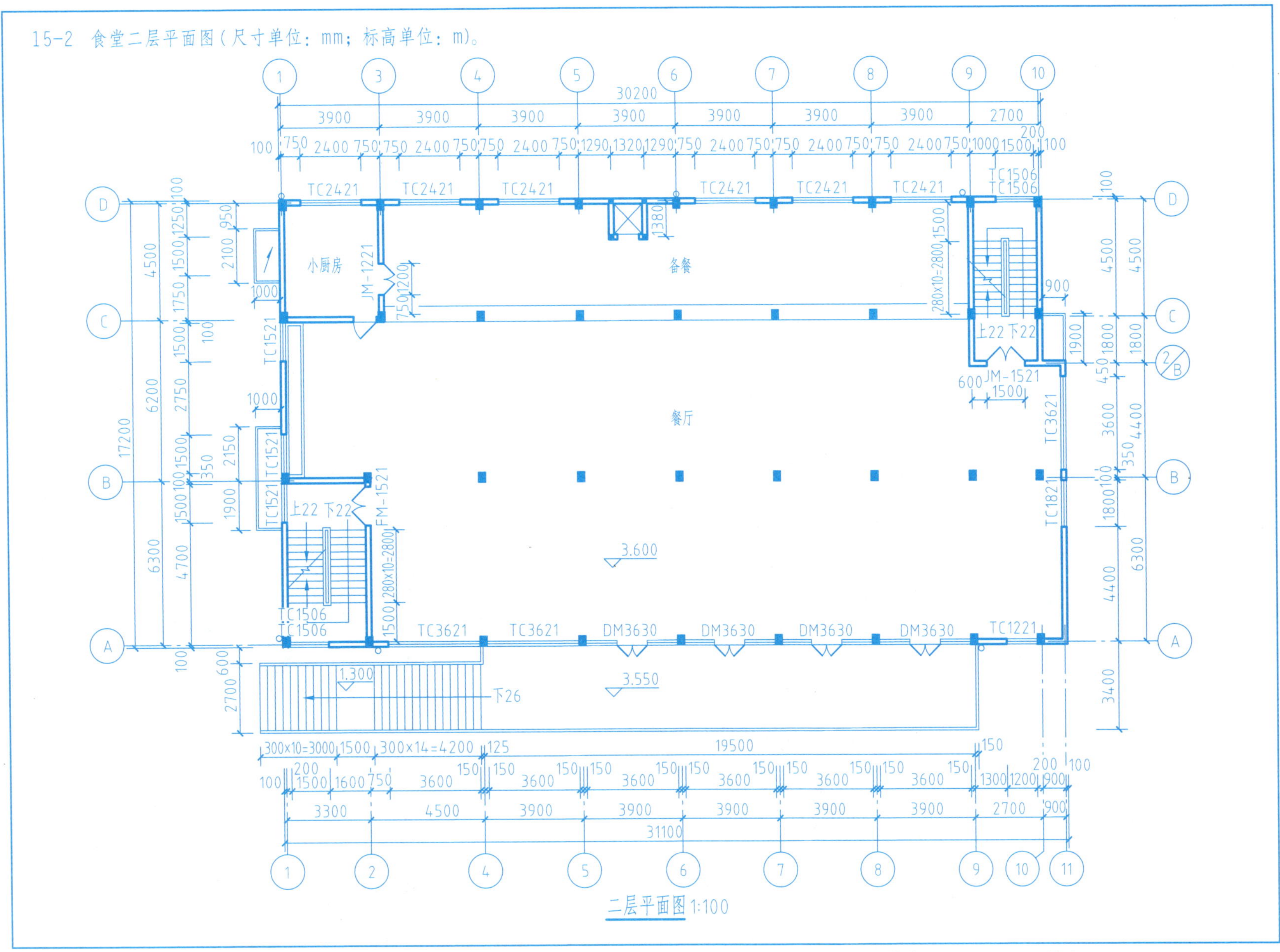

15-3 食堂三层平面图(尺寸单位：mm；标高单位：m)。

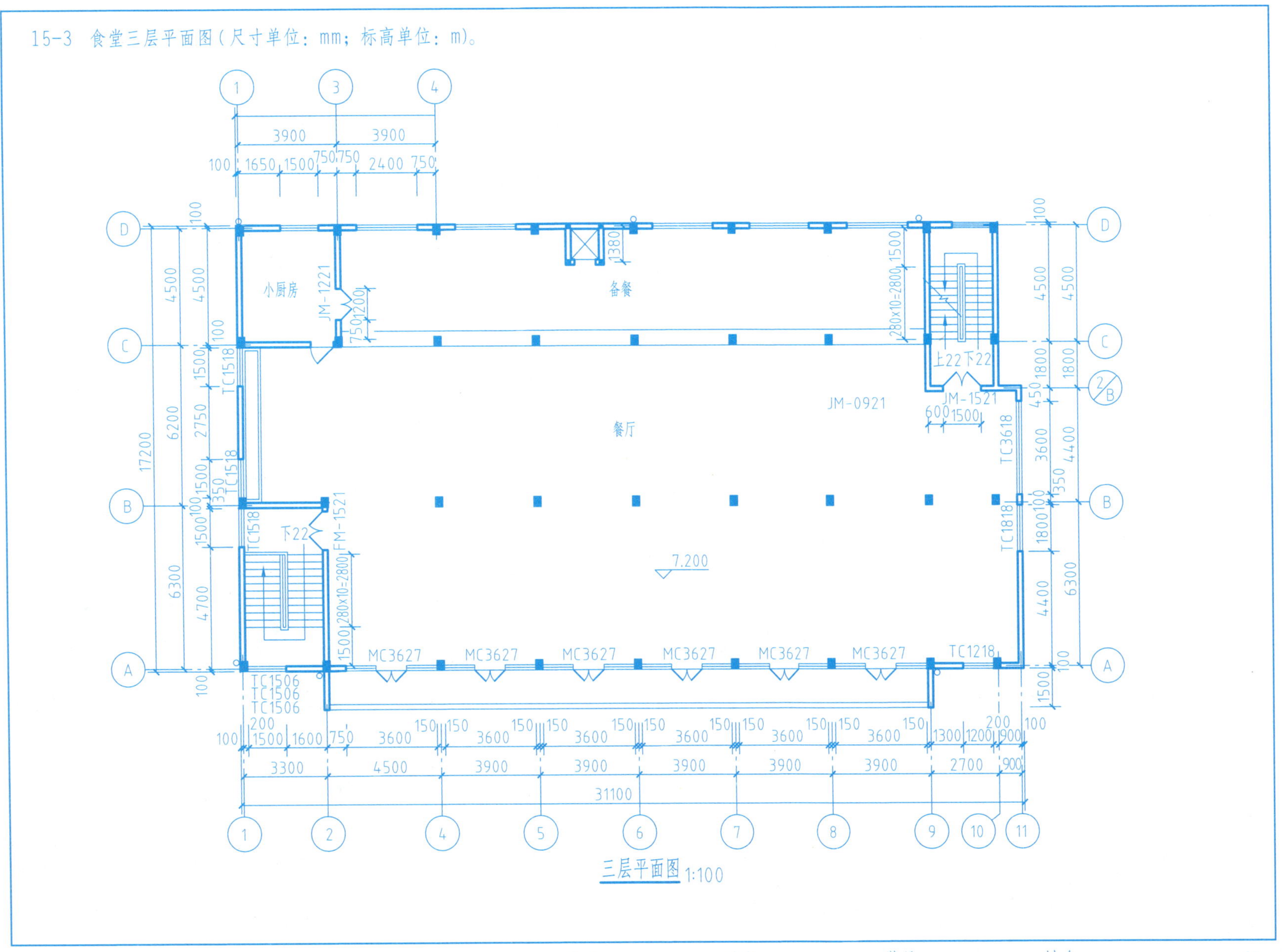

三层平面图 1:100

15-4 食堂顶层平面图(尺寸单位：mm；标高单位：m)。

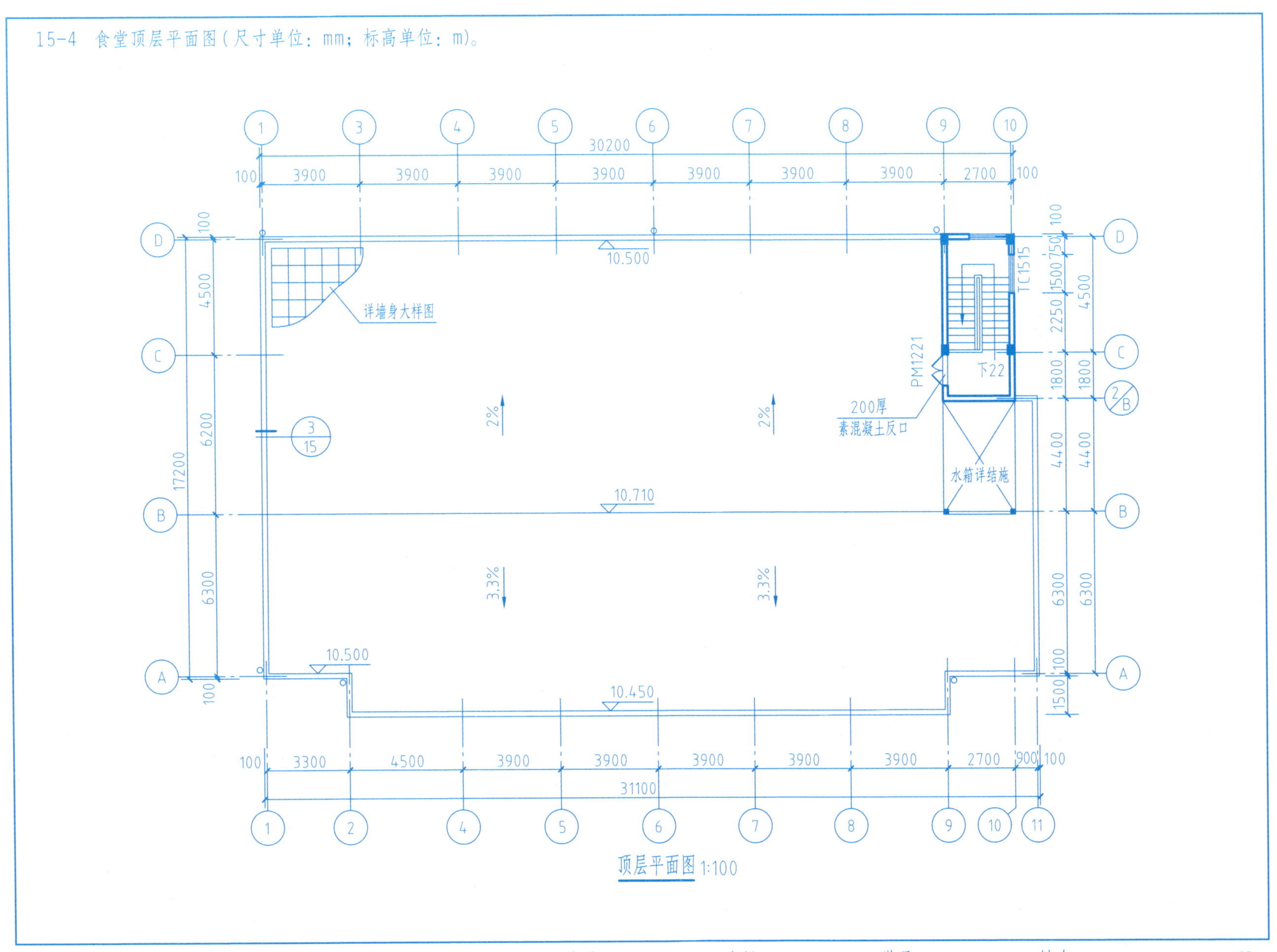

顶层平面图 1:100

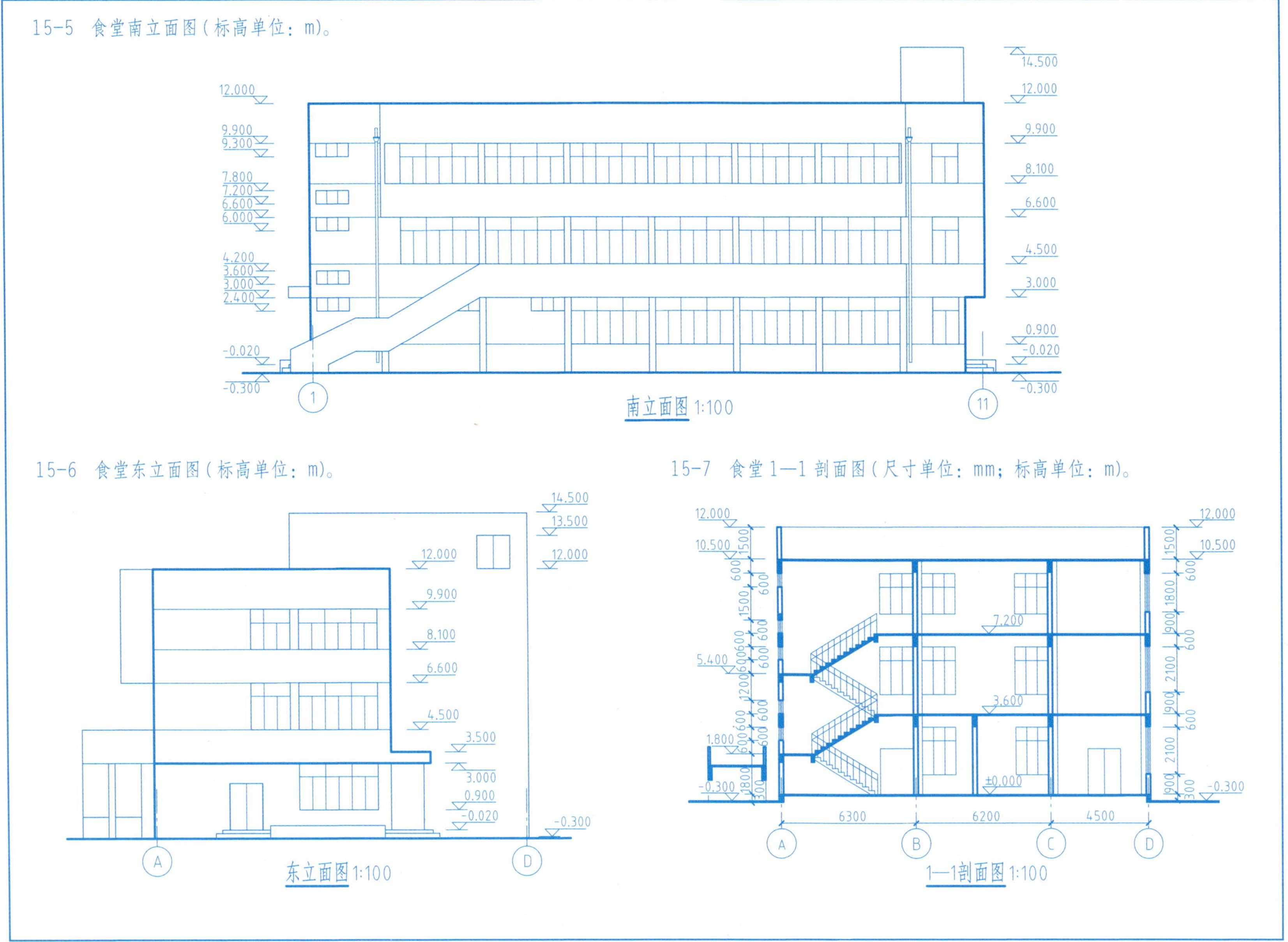
15-5 食堂南立面图（标高单位：m）。
南立面图 1:100
15-6 食堂东立面图（标高单位：m）。
东立面图 1:100
15-7 食堂1—1剖面图（尺寸单位：mm；标高单位：m）。
1—1剖面图 1:100

15-8 墙身大样图（尺寸单位：mm；标高单位：m）。

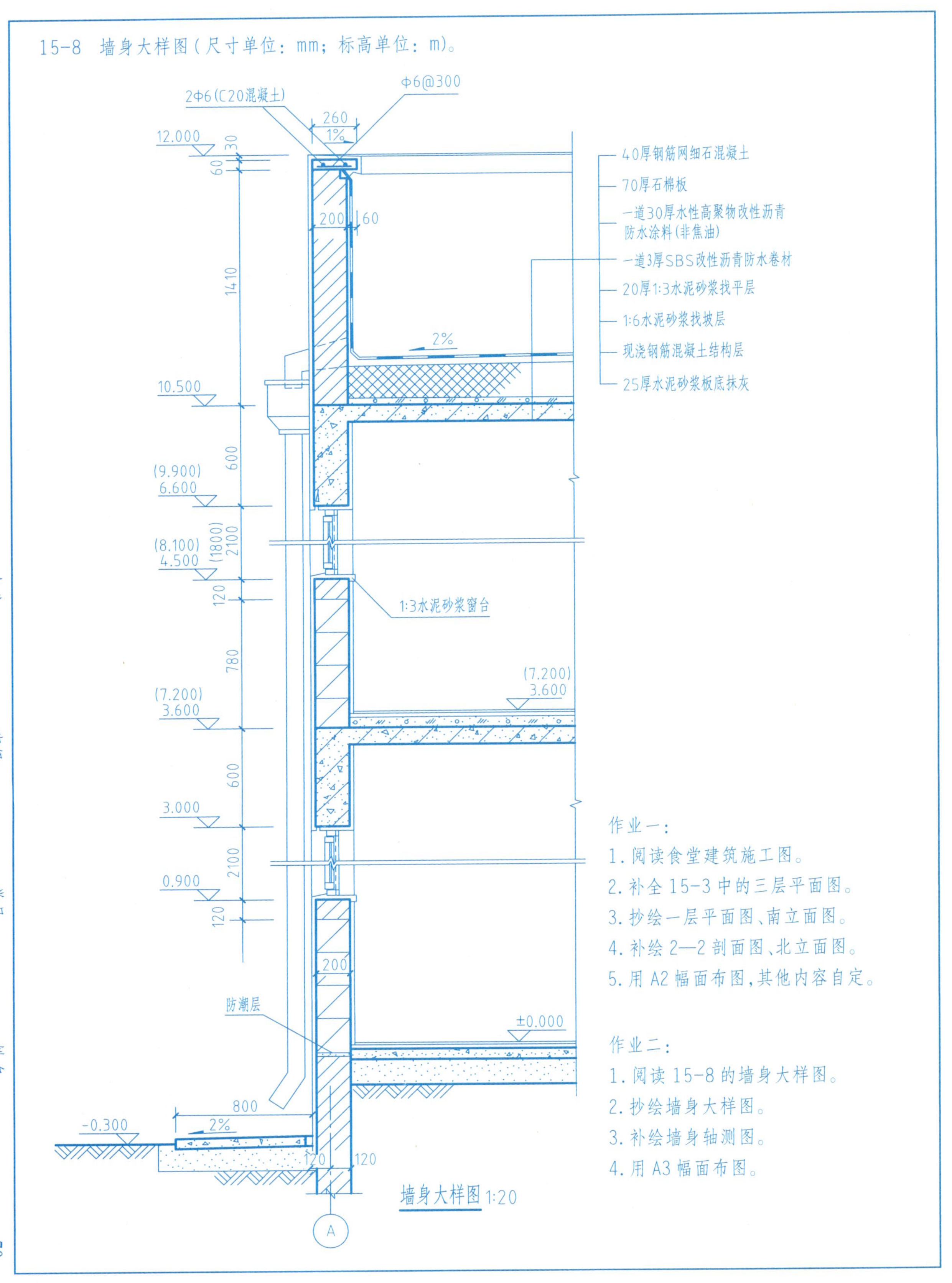

作业一：

1. 阅读食堂建筑施工图。
2. 补全 15-3 中的三层平面图。
3. 抄绘一层平面图、南立面图。
4. 补绘 2—2 剖面图、北立面图。
5. 用 A2 幅面布图，其他内容自定。

作业二：

1. 阅读 15-8 的墙身大样图。
2. 抄绘墙身大样图。
3. 补绘墙身轴测图。
4. 用 A3 幅面布图。

15-9 楼梯间详图(一)(尺寸单位：mm；标高单位：m)。

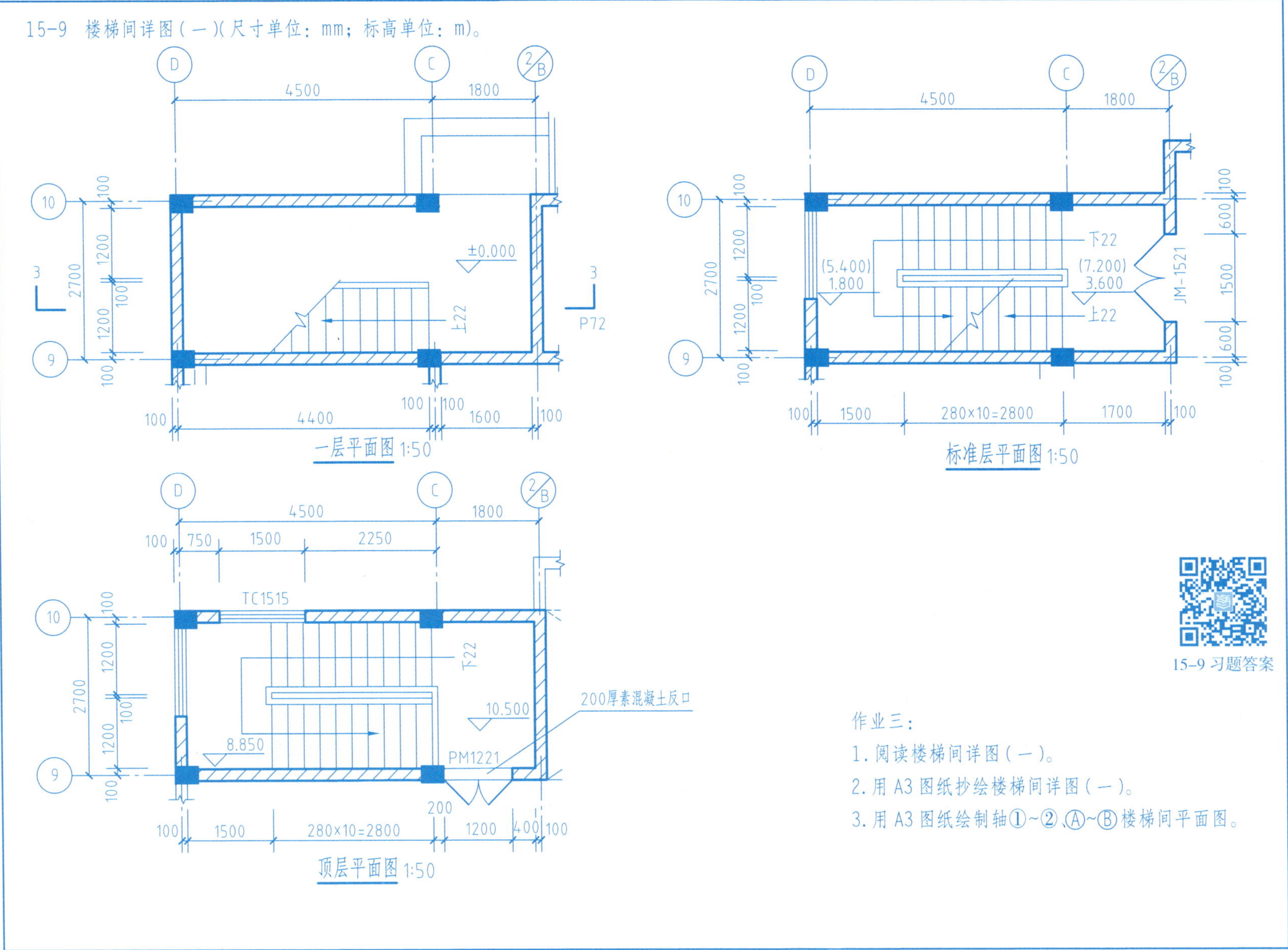

作业三：

1. 阅读楼梯间详图(一)。
2. 用A3图纸抄绘楼梯间详图(一)。
3. 用A3图纸绘制轴①~②、Ⓐ~Ⓑ楼梯间平面图。

15-10 楼梯间详图（二）（尺寸单位：mm；标高单位：m）。

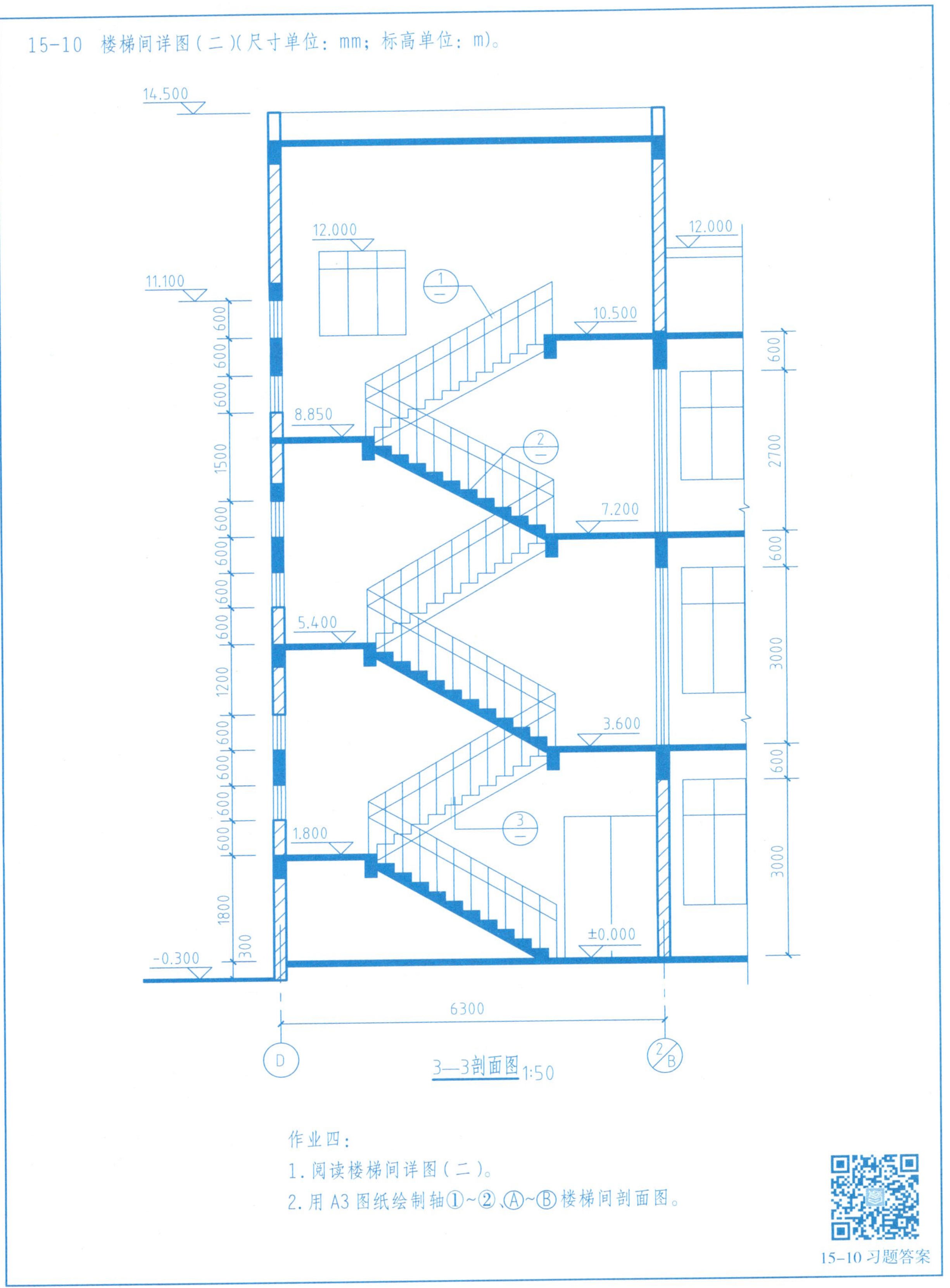

3—3剖面图 1:50

作业四：

1. 阅读楼梯间详图（二）。

2. 用A3图纸绘制轴①~②、Ⓐ~Ⓑ楼梯间剖面图。

15-10 习题答案

16-1 请补全地面线（细线），设计线（粗线）及填、挖高程数值。

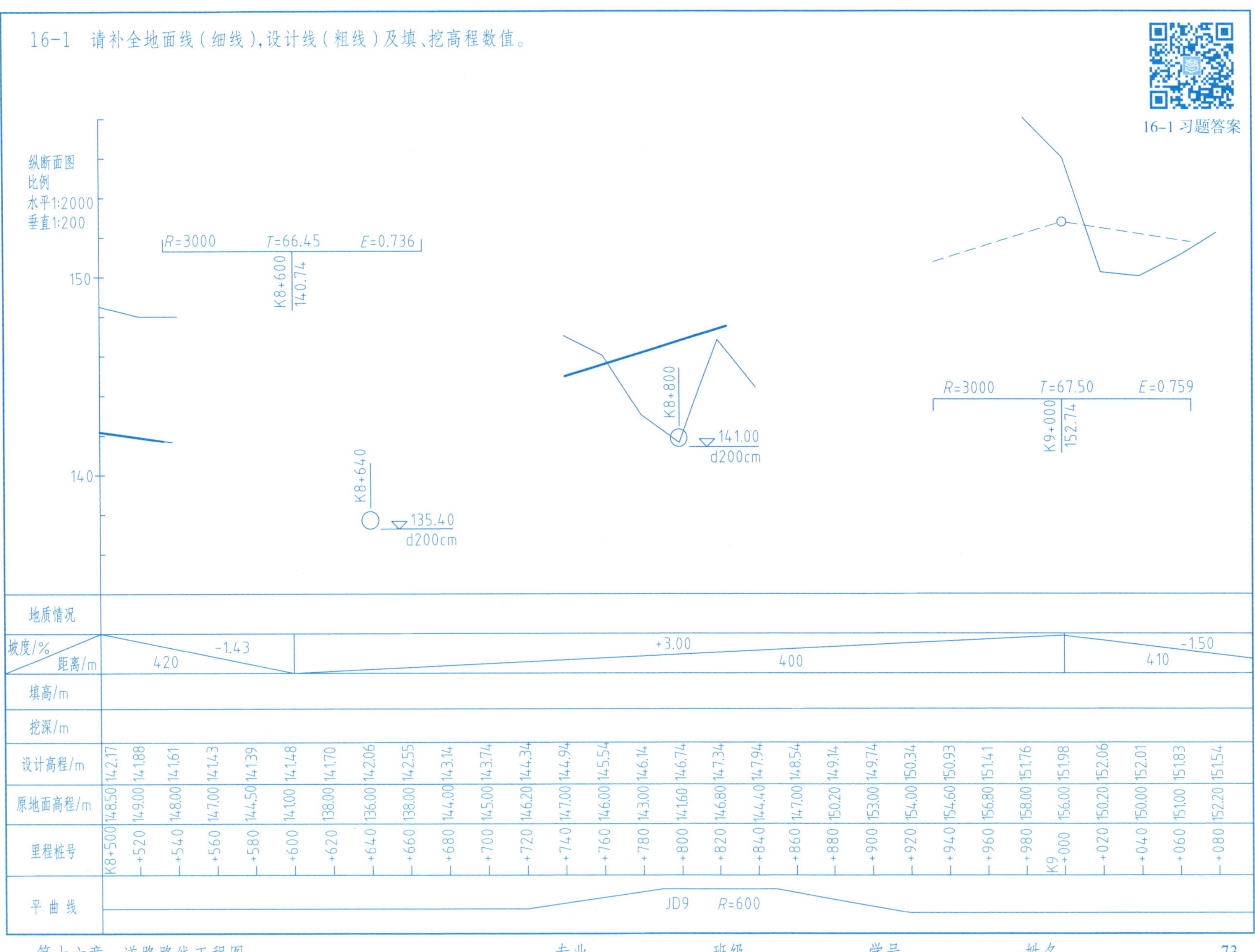

里程桩号	K8+500	+520	+540	+560	+580	+600	+620	+640	+660	+680	+700	+720	+740	+760	+780
填高/m															
挖深/m															
设计高程/m	142.17	141.88	141.61	141.43	141.39	141.48	141.70	142.06	142.55	143.14	143.74	144.34	144.94	145.54	146.14
原地面高程/m	148.50	149.00	148.00	147.00	144.50	141.00	138.00	136.00	138.00	144.00	145.00	146.20	147.00	146.00	143.00

里程桩号	+800	+820	+840	+860	+880	+900	+920	+940	+960	+980	K9+000	+020	+040	+060	+080
填高/m															
挖深/m															
设计高程/m	146.74	147.34	147.94	148.54	149.14	149.74	150.34	150.93	151.41	151.76	151.98	152.06	152.01	151.83	151.54
原地面高程/m	141.60	146.80	144.40	147.00	150.20	153.00	154.00	154.60	156.80	158.00	156.00	150.20	150.00	151.00	152.20

16-2 根据按回旋线测设缓和曲线的弯道示意图上所示的各元素，按 1∶500 的比例画出某公路交点 JD11 的弯道路线图，并求出各特征桩 ZH、HY、QZ、YH 和 HZ 的里程桩号。交点 JD11 里程桩号为 K9+921.51（也可画在自备纸上）。

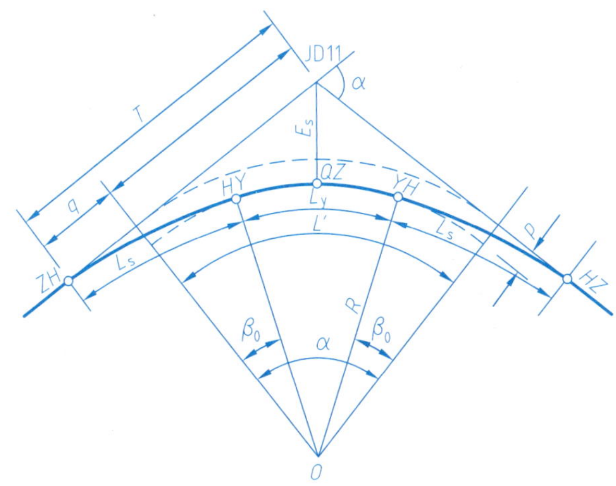

按回旋线测设缓和曲线的弯道示意图

注：$\alpha_{左}=12°45'06''$　　$R=600\text{m}$　　$L_s=70\text{m}$

并已知各相关公式为 $\beta_0=28.6479\dfrac{L_s}{2R}(°)$

引入缓和曲线后内移值 $p=\dfrac{L_s^2}{24R}-\dfrac{L_s^4}{2384R^3}$

缓和曲线的切线增值 $q=\dfrac{L_s}{2}-\dfrac{L_s^3}{240R^2}$

则

$$T=(R+p)\tan\frac{\alpha}{2}+q$$

$$L=(\alpha-2\beta_0)\frac{\pi}{180}R+2L_s$$

$$E=(R+p)\sec\frac{\alpha}{2}-R$$

$$J=2T-L$$

J——切线与弧线的差值。

路面宽度

线路前进方向

13

JD11

16-3 根据给出的立体交叉公路平面示意图，按 1 : 1 000 的比例画出立体交叉公路平面图（尺寸单位：m）。

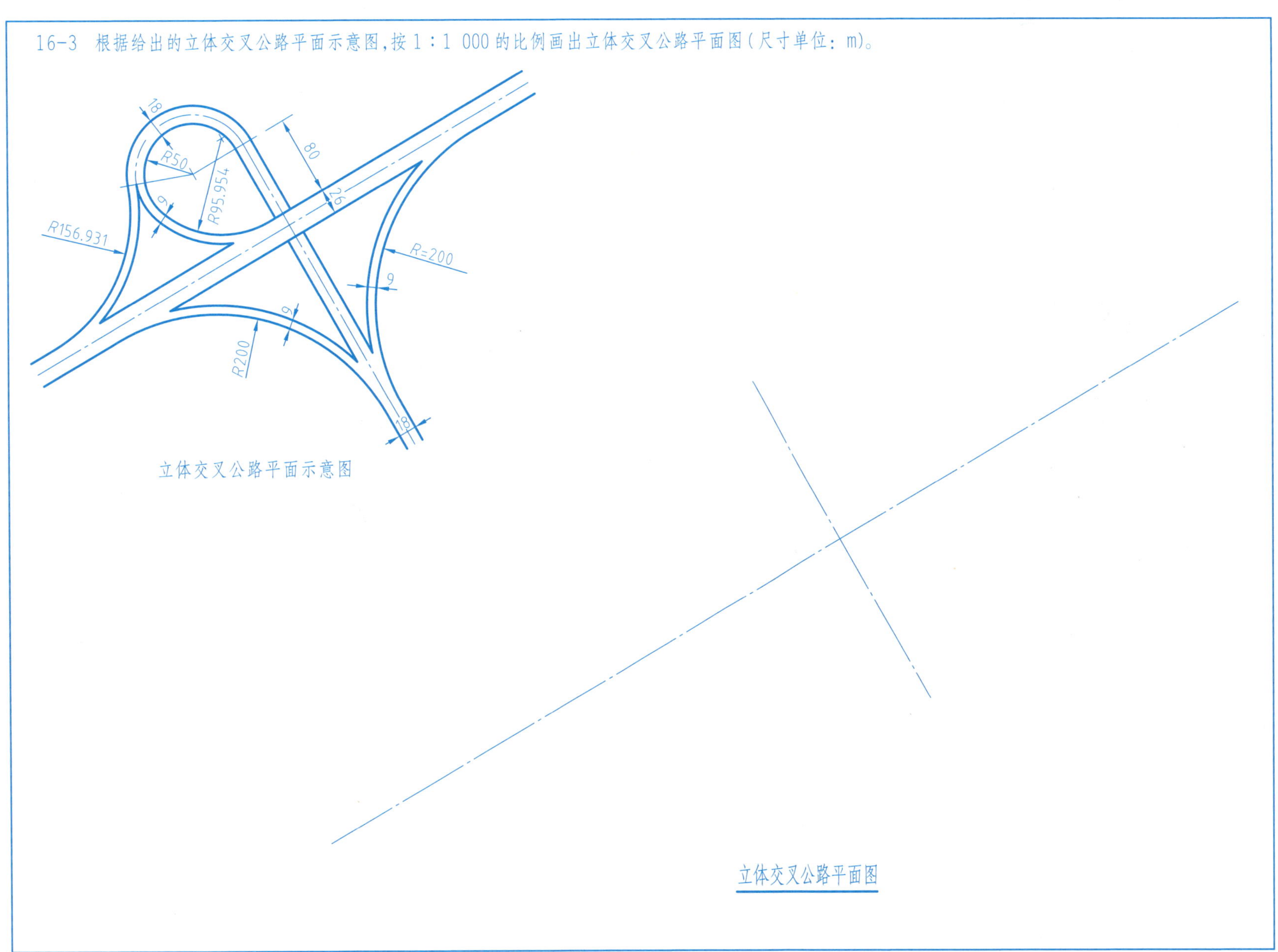

立体交叉公路平面示意图

立体交叉公路平面图

作业指示书

桥梁总体布置图及隧道明洞衬砌断面图

一、目的

1. 熟悉桥梁总体布置图、隧道明洞衬砌断面图的内容和绘制要求。

2. 掌握绘制桥梁总体布置图的方法和步骤。

3. 掌握绘制隧道明洞衬砌断面图的方法和步骤。

二、内容

题一：抄绘习题集 17-1 中标准跨径 3~16 m 的钢筋混凝土空心板中桥桥梁的总体布置图。

题二：抄绘习题集 17-2 隧道明洞衬砌断面图。

三、要求

1. AutoCAD 绘制：图幅 A3，图标格式按教材第十三章取用，绘制习题集 17-1 中桥桥梁总体布置图及 17-2 隧道明洞衬砌断面图。

2. 图名：×× 中桥桥梁总体布置图或隧道明洞衬砌断面图。

3. 比例：总体布置图 1∶400；隧道明洞衬砌断面图 1∶100。

4. 图线：梁、墩、台、隧道主体轮廓线宽度为 0.4 mm，防撞栏、尺寸线、河床线等用计算机内 AutoCAD 软件本身细线（铅笔图 0.1 mm）。

5. 字体和符号：全图各图名字高 5(4) mm，字母、尺寸数字字高 2.5~3.5 mm，其余汉字字高 5(4) mm；标题栏内字高 7(5) mm；所有字体宽度系数 0.75；立面图中定位轴线的圆圈直径为 8 mm；标高符号为 45° 等腰直角三角形，高 2 mm。括号内为 AutoCAD 绘图时的字高，所有字体、符号全图统一。

四、说明

题一：

1. 立面图中，桥台、桥墩左右对称。立面图采用半剖面图，平面图采用分层局部剖面图。

2. 立面图中右侧防撞栏可不画，也不画锥坡，但应画出台内的搭板示意图。

3. 空心板梁高 70 cm，每块板宽包括缝宽 100 cm、边板外悬臂宽 37.5 cm，总体布置图中只表示空心板块数，板块中可不画挖空圆孔和接缝。

4. 桥墩及桥台的立柱、承台、墩帽尺寸可参照教材中图 17-9 及图 17-6。

题二：

1. 洞内路面只表示单向横坡。

2. 防水层请按图例符号表示。

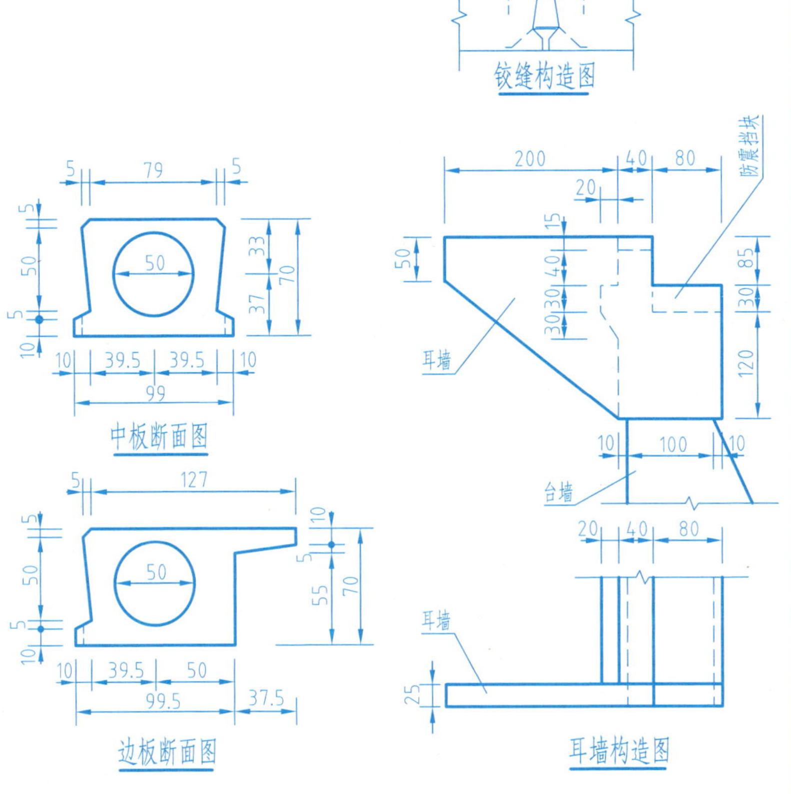

17-1　桥梁总体布置图。

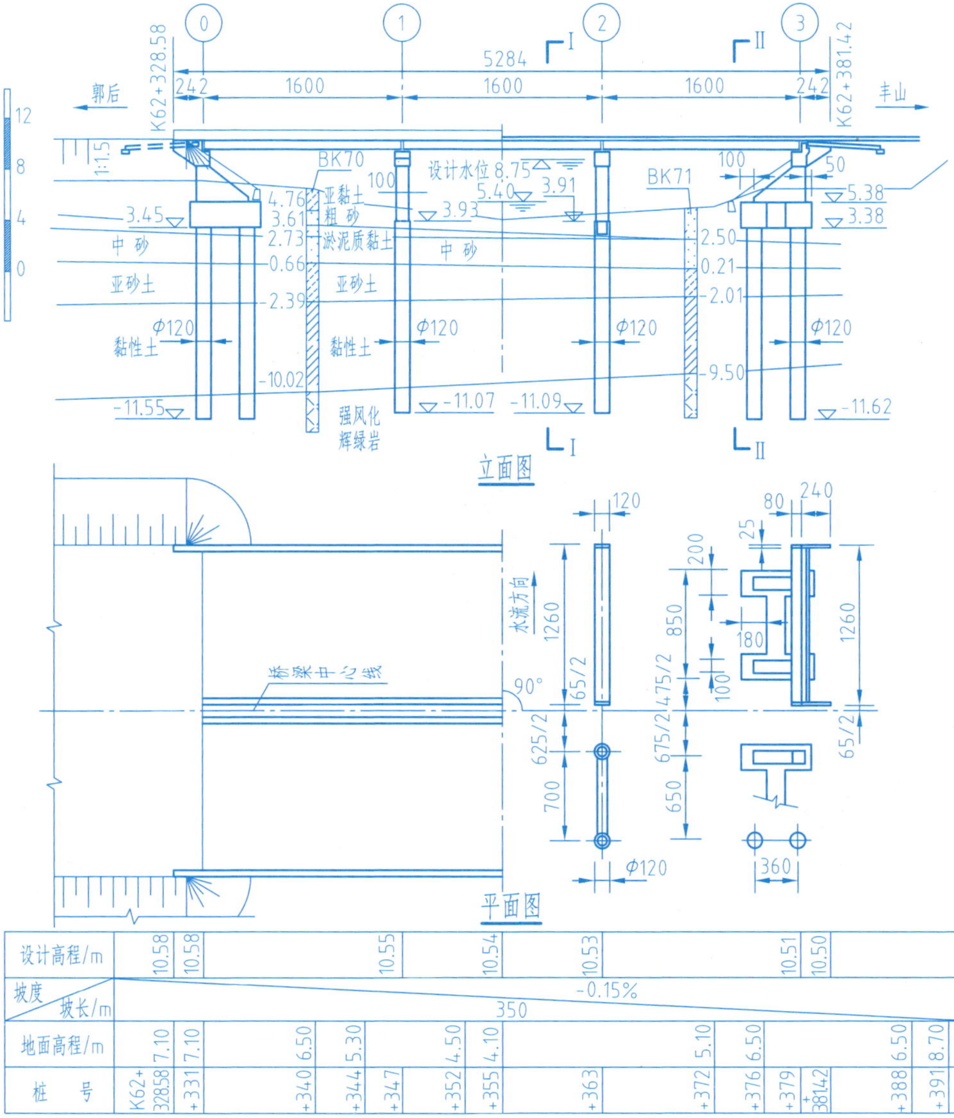

立面图

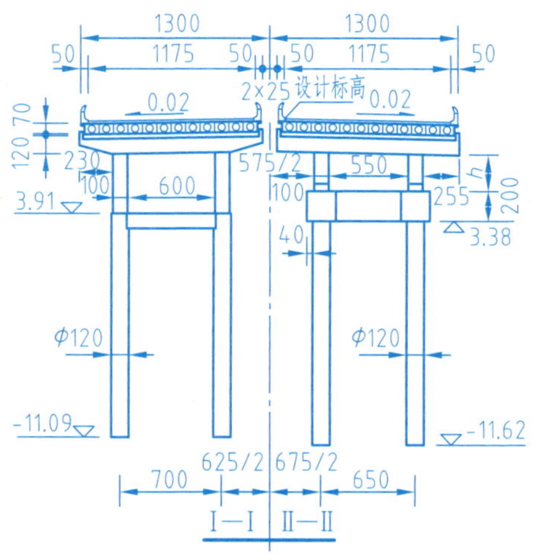

平面图

设计高程/m	10.58	10.58			10.55		10.54	10.53			10.51	10.50		
坡度 / 坡长/m	-0.15% 350													
地面高程/m	7.10	7.10	6.50	5.30		4.50	4.10		5.10	6.50			6.50	8.70
桩号	K62+328.58	+331	+340	+344	+347	+352	+355	+363	+372	+376	+379	+381.42	+388	+391

说明：

1. 本图尺寸除标高以 m 计外，余均以 cm 为单位。
2. 本桥上部采用 3~16 m 预应力空心板，下部为柱式墩、肋式台、钻孔灌注桩基础。
3. 本图比例为 1∶400。

17-2 隧道明洞衬砌断面图。

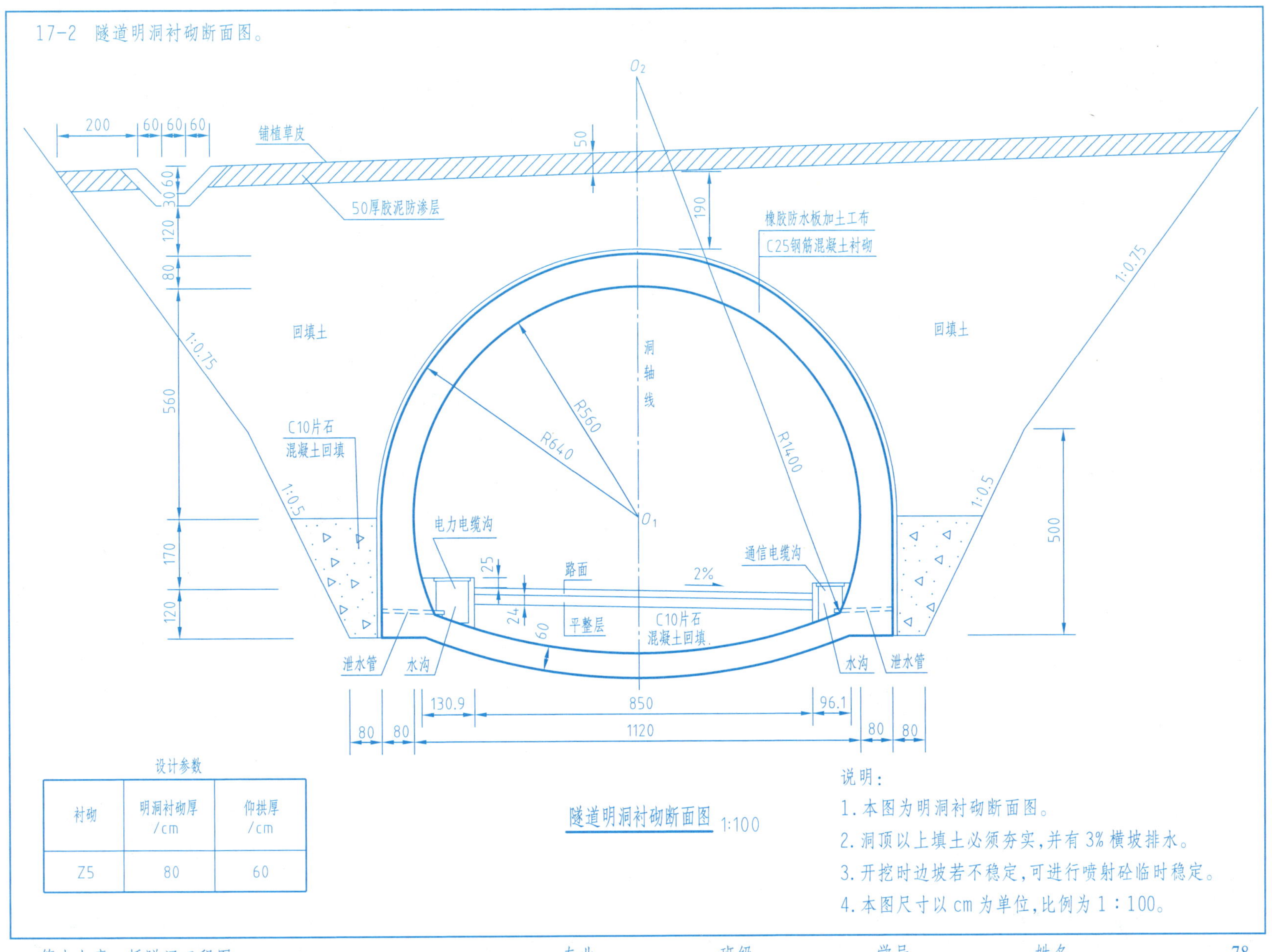

设计参数

衬砌	明洞衬砌厚 /cm	仰拱厚 /cm
Z5	80	60

说明：

1. 本图为明洞衬砌断面图。
2. 洞顶以上填土必须夯实，并有 3% 横坡排水。
3. 开挖时边坡若不稳定，可进行喷射砼临时稳定。
4. 本图尺寸以 cm 为单位，比例为 1 : 100。

作业指示书

水闸设计布置图及水电站厂房布置图

一、目的

1. 熟悉水闸设计布置图、水电站厂房布置图的内容和绘制要求。

2. 掌握绘制水闸设计布置图的方法和步骤。

3. 掌握绘制水电站厂房布置图的方法和步骤。

二、内容

题一：抄绘教材图 18-17 和习题集 18-1、18-2 水闸闸室结构图。

题二：抄绘习题集 18-3、18-4 水电站厂房布置图。

三、要求

1.AutoCAD 绘制：图幅 A3，标题栏格式按教材第十三章取用，绘制习题集 18-1~18-4 水闸和水电站厂房布置图。

2. 图名：×× 水闸闸室结构图或水电站厂房布置图。

3. 比例：水闸闸室结构图 1∶100；水电站厂房布置图 1∶200。

4. 图线：梁、闸墩、边墩、剖面剖切线和主体轮廓线宽度为 0.4 mm，栏杆、尺寸线等为计算机内 AutoCAD 软件本身细线（铅笔图 0.1 mm）。

5. 字体和符号：全图各图名的字高 5(4) mm，字母、尺寸数字的字高 2~3.5 mm，其余汉字字高 5(4)mm；标题栏内字高 7(5) mm；所有字体宽度系数为 0.75；立面图中定位轴线的圆圈的直径为 8 mm；标高符号为 45° 等腰直角三角形，高 2 mm。括号内为 AutoCAD 绘图时的字高，所有字体、符号全图统一。

四、说明

题一：

1. 立面图采用全剖面图，平面图采用分层局部剖视图（拆卸画法）。

2. 立面图中水闸工作桥、公路桥、栏杆采用示意画法，闸门设备省略不画。

3. 立面图及平面图必须标示必要的剖视图、剖面图。

4. 闸室结构中间墩、边墩、底板的构造可参照习题集 18-1。

5. 闸室进出口翼墙轮廓线画粗实线，坡面和扭面的示坡线画细实线。填土和钢筋混凝土符号均采用 45° 斜细实线。若为仪器画图，一定严格用 45° 三角板均匀画出。

6. 浆砌块石符号仅画局部，无需全部画出。

题二：

1. 厂房的图例参见教材第十五章房屋建筑图中的表示方法。

2. 水电站厂房发电机蜗壳尺寸参照习题集 18-3、18-4 按比例量取。

3. 要求标高符号统一、尺寸齐整、线型规范，线型、符号参照教材第十三章取用。

4. 剖切位置应和各投影图一一对应。

18-1 水闸闸室结构图(一)。

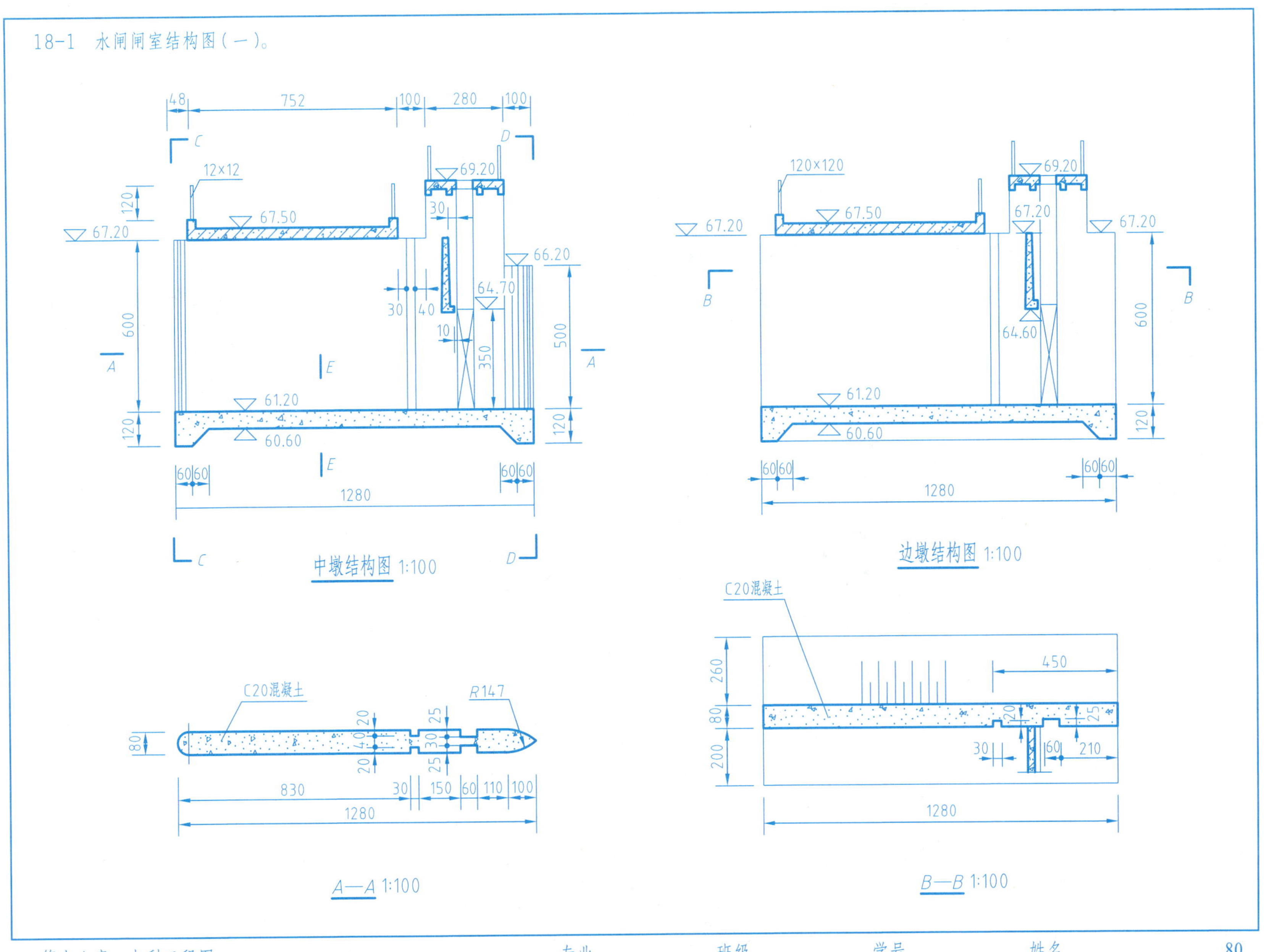

中墩结构图 1:100

边墩结构图 1:100

A—A 1:100

B—B 1:100

18-2 水闸闸室结构图(二)。

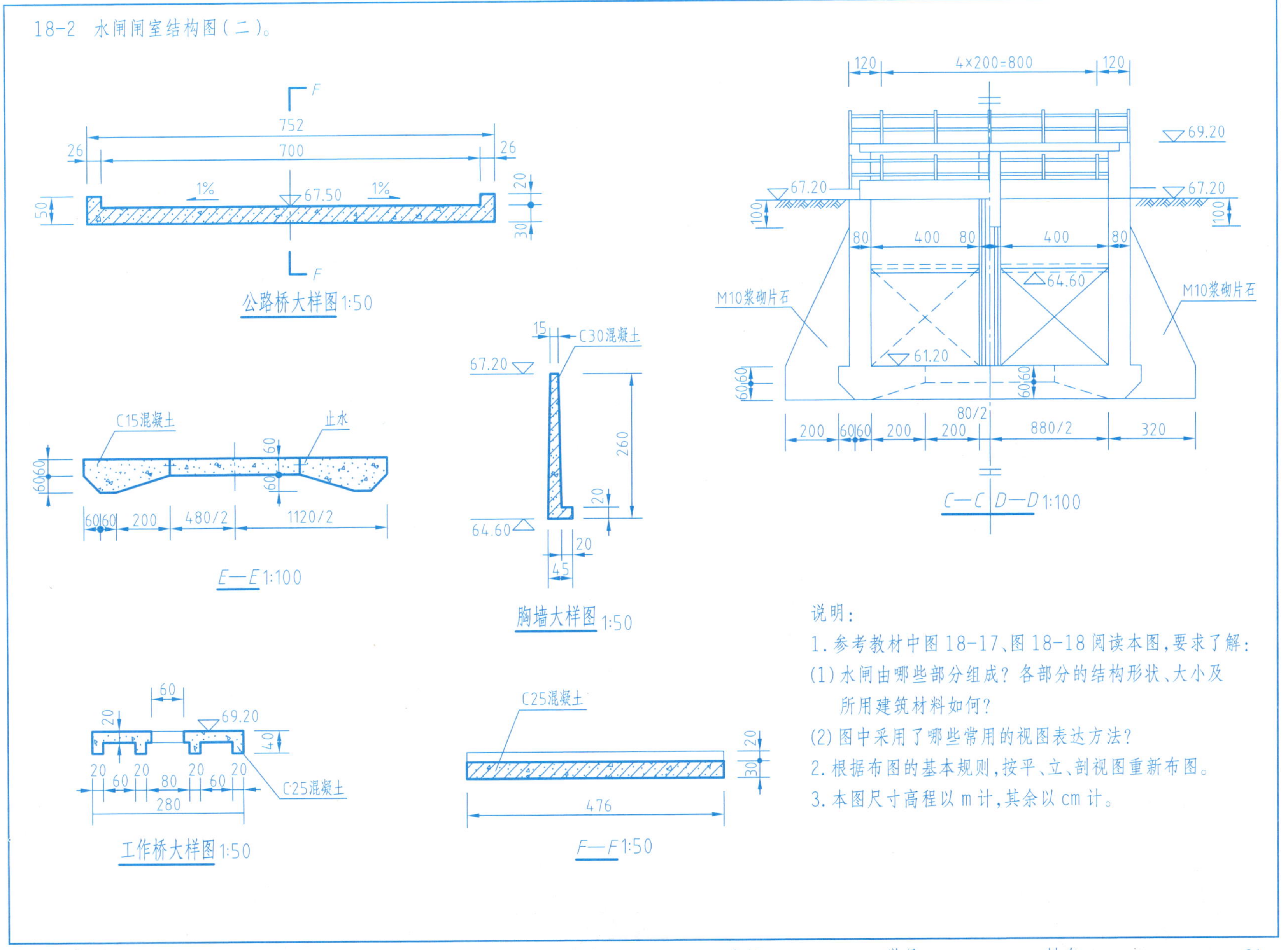

说明：

1. 参考教材中图18-17、图18-18阅读本图，要求了解：

(1) 水闸由哪些部分组成？各部分的结构形状、大小及所用建筑材料如何？

(2) 图中采用了哪些常用的视图表达方法？

2. 根据布图的基本规则，按平、立、剖视图重新布图。

3. 本图尺寸高程以m计，其余以cm计。

18-3 水电站厂房布置图(一)。

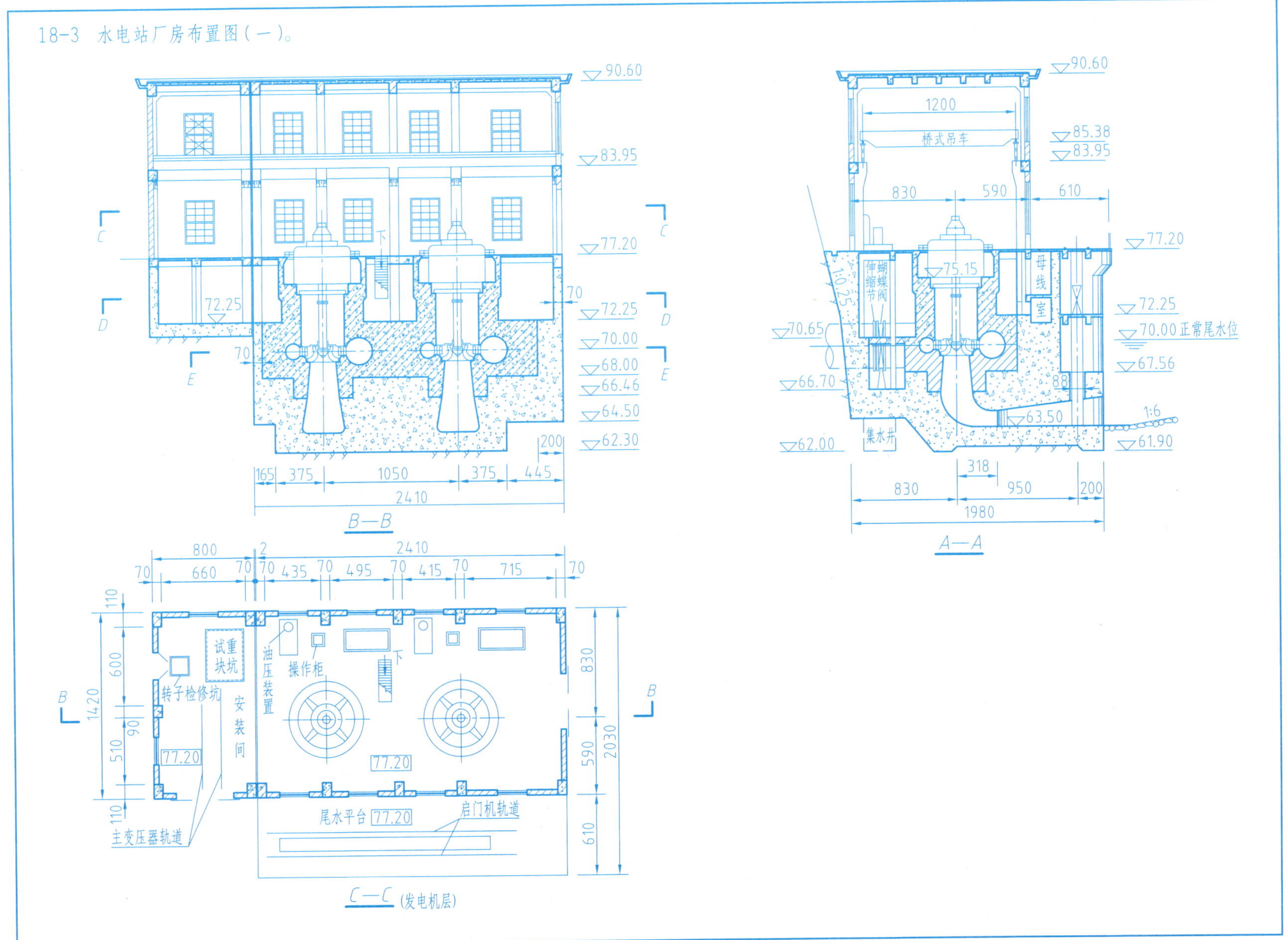

18-4 水电站厂房布置图(二)。

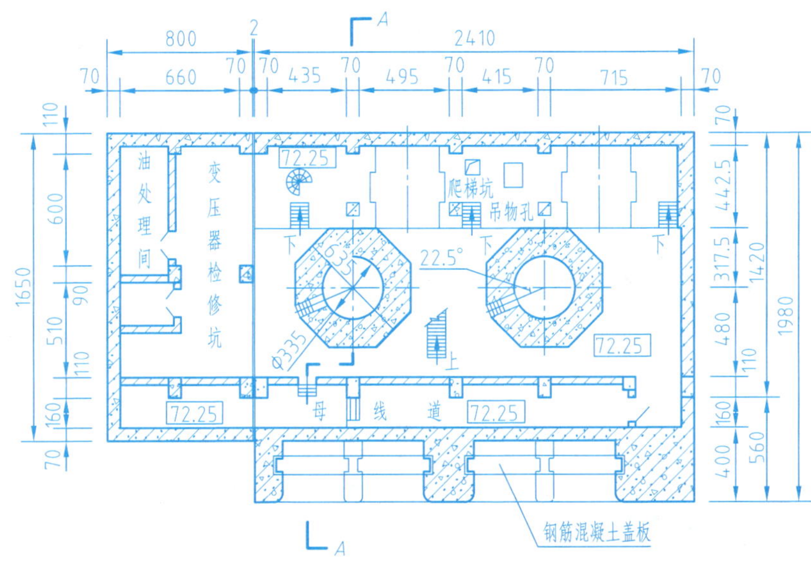

D—D (水轮机层)

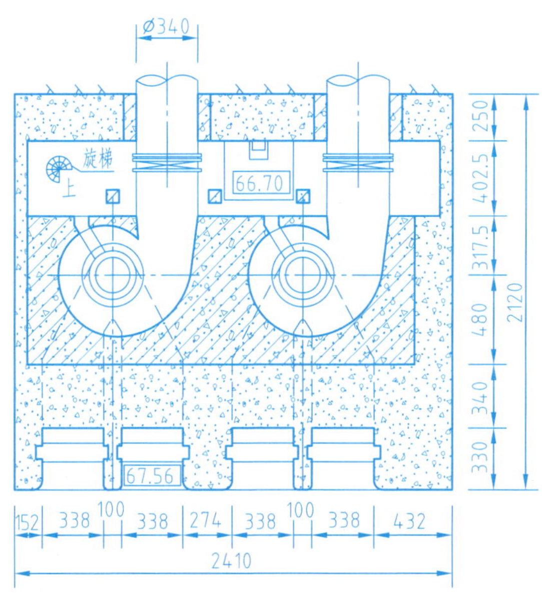

E—E (蜗壳层)

说明:

1. 参考教材中图18-15等阅读本图,要求了解:

(1) 水电站厂房由哪些部分组成? 各部分的结构形状、大小及所用建筑材料如何?

(2) 图中采用了哪些常用的视图表达方法?

2. 本图尺寸高程以m计,其余以cm计。

3. 本图比例为1∶350。

19-1 根据给出的资料（钢筋混凝土条形基础通用详图J和附表），要求完成：

1. 画全基础平面图中条形基础底面的宽度轮廓线。

2. 画全钢筋混凝土条形基础J4的详图，并注全尺寸（条形基础J4的形式、构造、高度尺寸和埋置深度与通用详图J相同）。

第十九章习题答案

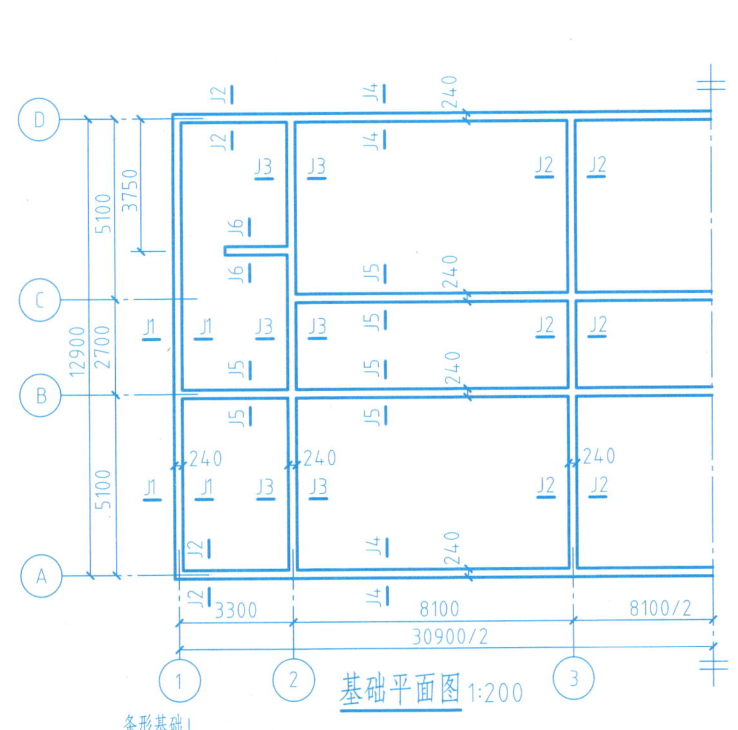

基础平面图 1:200

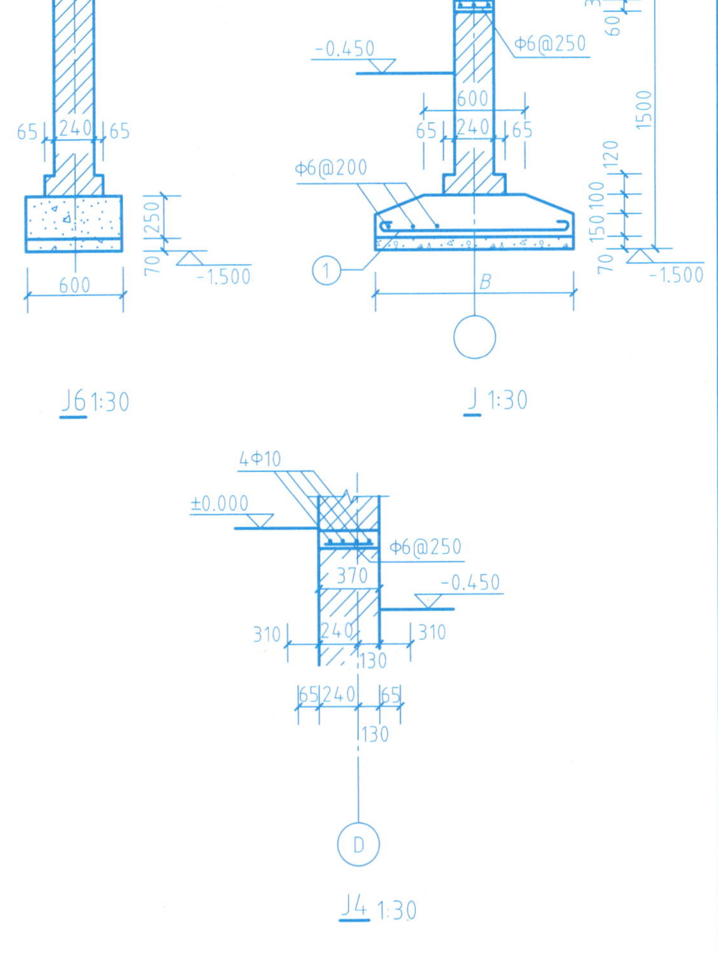

条形基础J

编号	宽度B	受力筋①
J1	1200	Φ8@180
J2	1300	Φ8@150
J3	1500	Φ10@200
J4	1430	Φ10@200
J5	1600	Φ12@200
J6	600	素混凝土

说明：

1. 条形基础采用C20混凝土，纵向分布筋均采用Φ6@250，垫层采用C10混凝土。
2. 基础垫层底面标高均为-1.500 m。
3. 本图尺寸单位：标高以m计，其余以mm计。

19-2 已知梁长为 4 m，根据立体示意图画出 1/2 梁的立面配筋示意图，并画出跨中断面图及弯起钢筋起弯后临近支座的断面图，比例自定。

19-3 已知某隧道衬砌的钢筋图，试画出钢筋 N1、N4 构造大样图并计算每延米（每 1 m 长洞身）的钢筋数量及主要工程量（本题续第 86 页）。

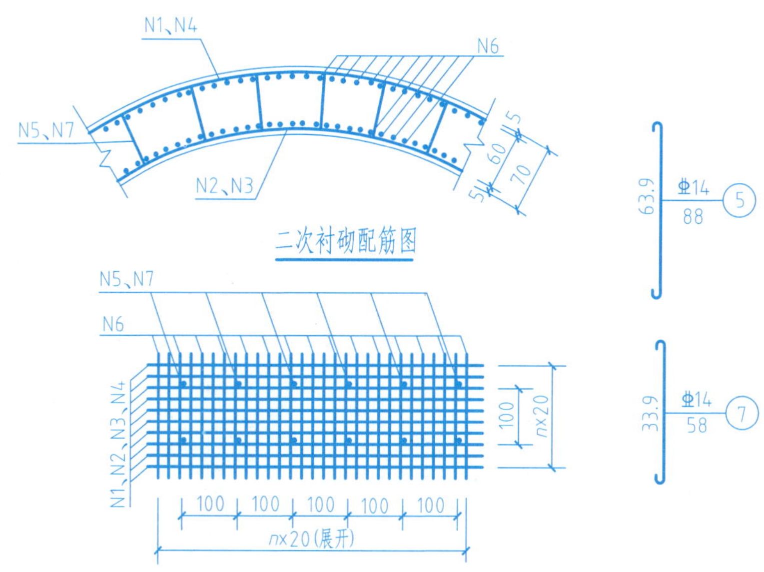

衬砌钢筋质量表(每延米)

钢筋编号	直径 /mm	长度 /cm	根数	总长 /m	单位质量 /(kg/m)	总质量 /kg
1	Φ25	2575			3.853	
2	Φ25	2252			3.853	
3	Φ25	1291			3.853	
4	Φ25	1369			3.853	
5	Φ14	88			1.208	
6	Φ8	100			0.395	
7	Φ14	58			1.208	

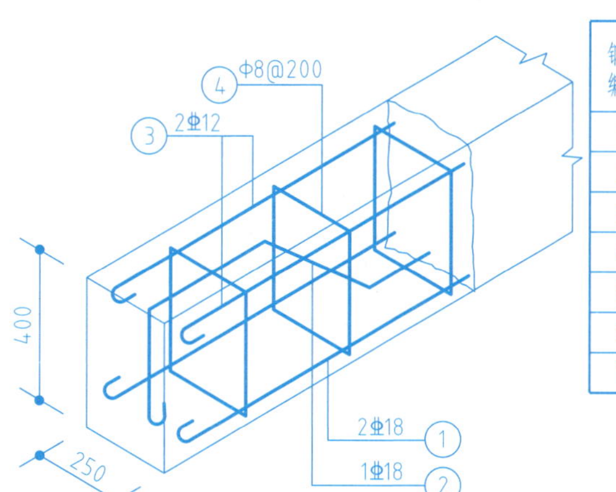

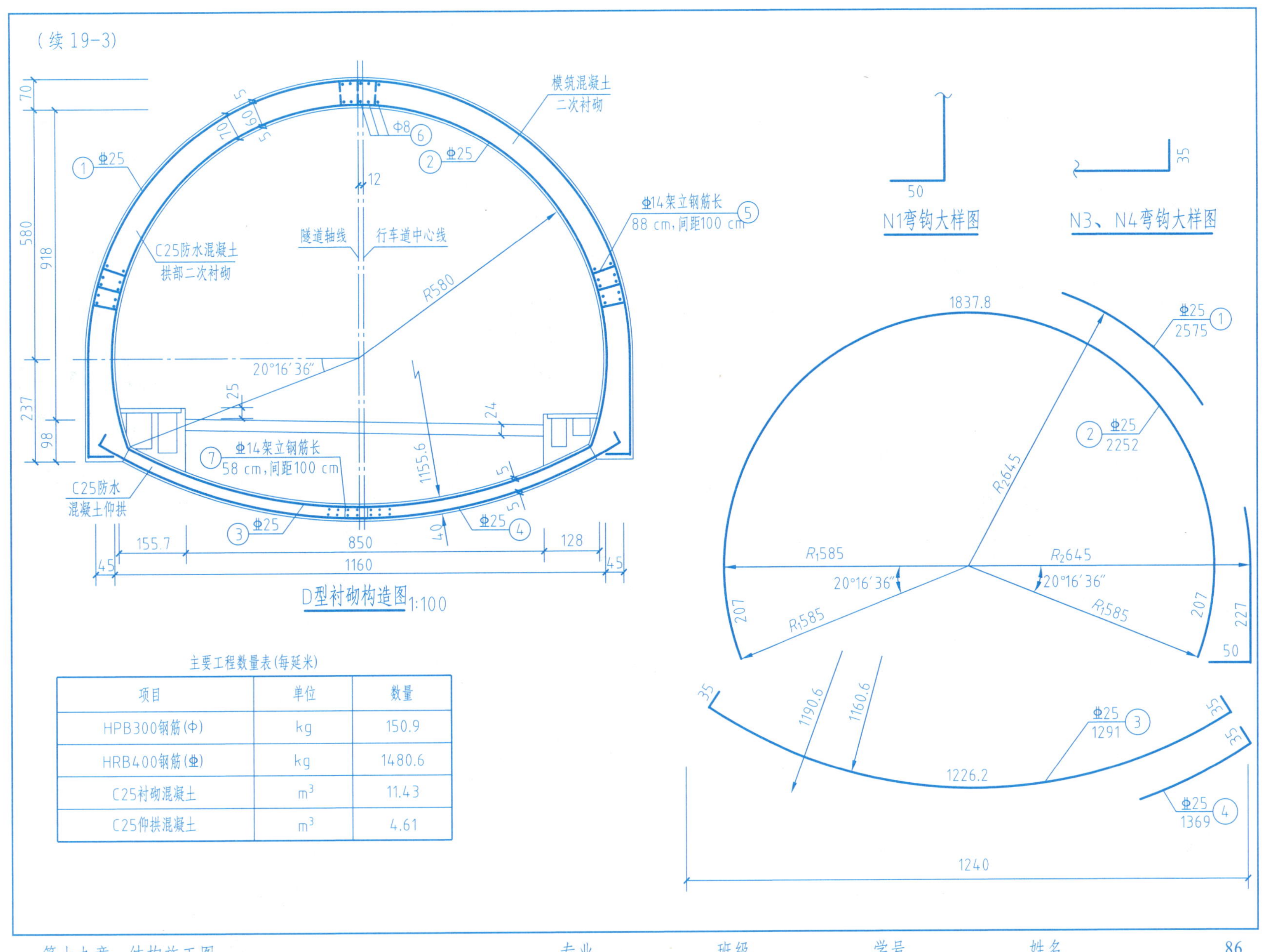

主要工程数量表(每延米)

项目	单位	数量
HPB300钢筋(Φ)	kg	150.9
HRB400钢筋(Φ)	kg	1480.6
C25衬砌混凝土	m³	11.43
C25仰拱混凝土	m³	4.61

20-1 B型卫生间给水排水工程图。

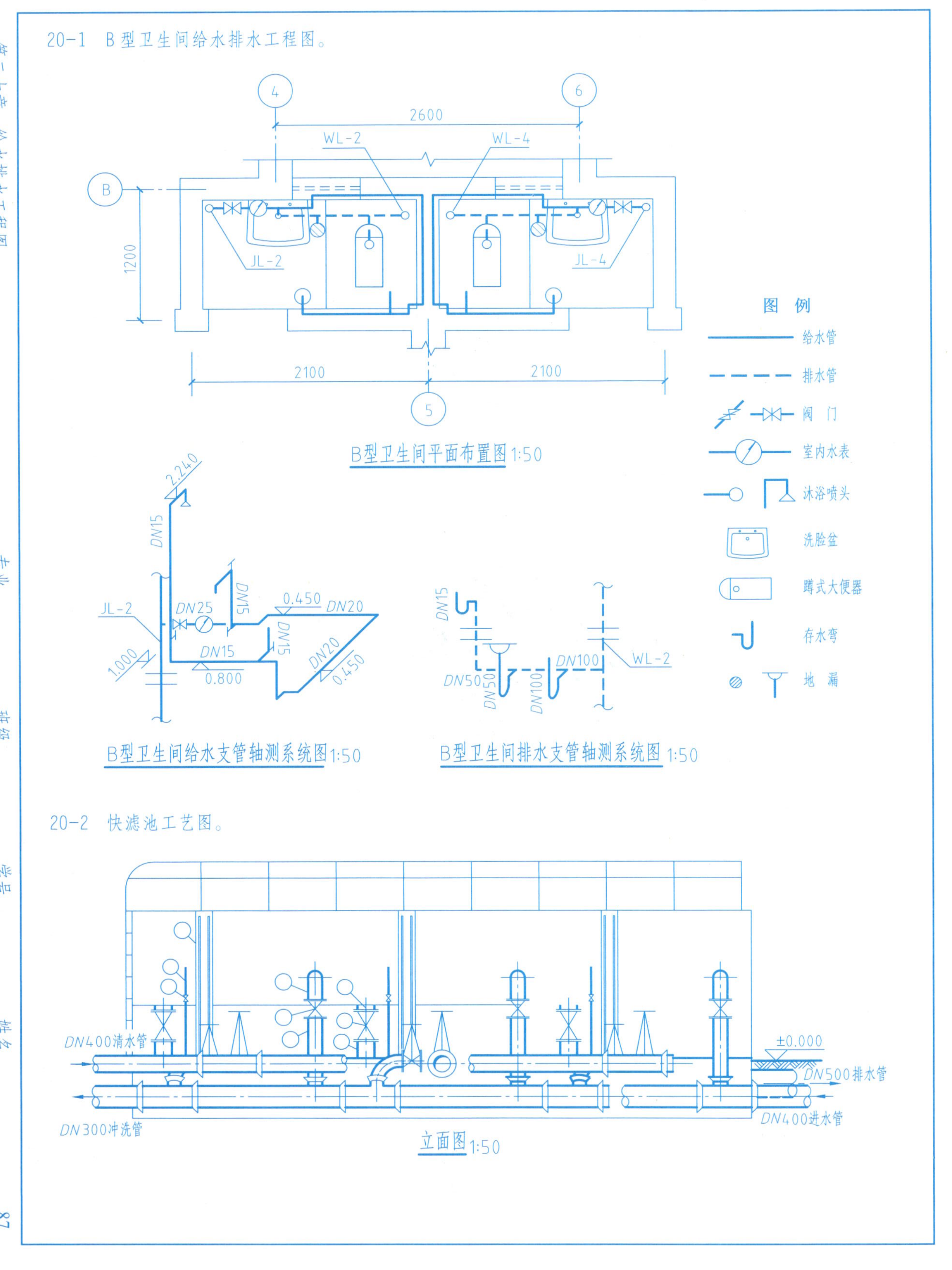

20-2 快滤池工艺图。

20-3 快滤池工程量表。

工程量表

件号	名称	规格	材料	单位	数量	备注
①	水头损失仪			套	3	见 S726-1,3-3
②	闸门	*DN*300		个	6	Z45T-10
③	闸门	*DN*200		个		Z45T-10
④	闸门	*DN*15		个		Z15T-10
⑤	水嘴	*DN*15		个	3	取水样用
⑥	90° 盘插弯管	*DN*200	铸铁	个		YB428-64
⑦	双承丁字管	*DN*400×200	铸铁	个	6	YB428-64
⑧	双承丁字管	*DN*300×300	铸铁	个		YB428-64
⑨	双盘丁字管	*DN*300×200	铸铁	个		YB428-64
⑩	双承渐缩管	*DN*400×300	铸铁	个	3	YB428-64
⑪	单盘喇叭口	*DN*300 l=350	钢	个	3	
⑫	承插直管	*DN*400 l=2640	铸铁	根	4	
⑬	承插直管	*DN*300 l=2550	铸铁	根	2	
⑭	直管	*DN*400 l=3200	钢	根	3	
⑮	插盘短管	*DN*400 l=1000	铸铁	根	3	
⑯	插盘短管	*DN*300 l=700	铸铁	根		
⑰	插盘短管	*DN*300 l=580	铸铁	根		
⑱	插盘短管	*DN*200 l=1100	铸铁	根		
⑲	穿孔管	*DN*80 l=1540	钢	根		
⑳	镀锌钢管	*DN*50 l=400	钢	根	3	排空管用
㉑	镀锌钢管	*DN*40	钢	m	9	
㉒	镀锌钢管	*DN*15	钢	m	9	
㉓	承堵	*DN*400	铸铁	套	2	YB428-64
㉔	承堵	*DN*300	铸铁	套	1	YB428-64
㉕	堵板	d=400	钢	个	3	
㉖	堵板	d=80	钢	个	66	
㉗	法兰	*DN*400	钢	个	3	见 S311-16,P_g=10 kg/cm^2
㉘	落水管支架	套用 *DN*200	钢	个	3	见 S319-3
㉙	单管立式支架	套用 *DN*40	钢	套	3	见 S119-22
㉚	普通黄砂	d=0.5~1.2 mm		m^3	24	滤料用
㉛	砾石	d=2~3.2 mm		m^3	24	承托层用
㉜	混凝土支墩	300×300×200		个	6	C10 混凝土
㉝	混凝土支墩	100×100×160		个	66	C10 混凝土
㉞	防水套管	套用 *DN*400,L_1=280		个	3	见 S312-2,Ⅱ型

说明:1.尺寸以 mm 计,标高以 m 计。

2.所有钢配件的表面均需刷底漆(樟丹或冷底子油)一遍,沥青漆两遍。

3.防水套管预埋时在池内的一端与池内壁取齐。

作业一(室内给水排水工程图)

1.抄绘教材第二十章中图 20-12 至图 20-14 的厨房及 A 型卫生间平面布置图和支管轴测系统图,并画出展开系统图。

2.阅读并抄绘 B 型卫生间平面布置图和给水、排水支管轴测系统图。

3.用 A3 幅面布图。

作业二(快滤池工艺图)

1.抄绘教材图 20-18 的快滤池平面图、剖面图,补全工程量表。

2.阅读并抄绘立面图,补上管件编号。

3.用 A2 幅面布图。

21-1 补全底层电气照明平面图中未画出的线路（尺寸单位：mm）。

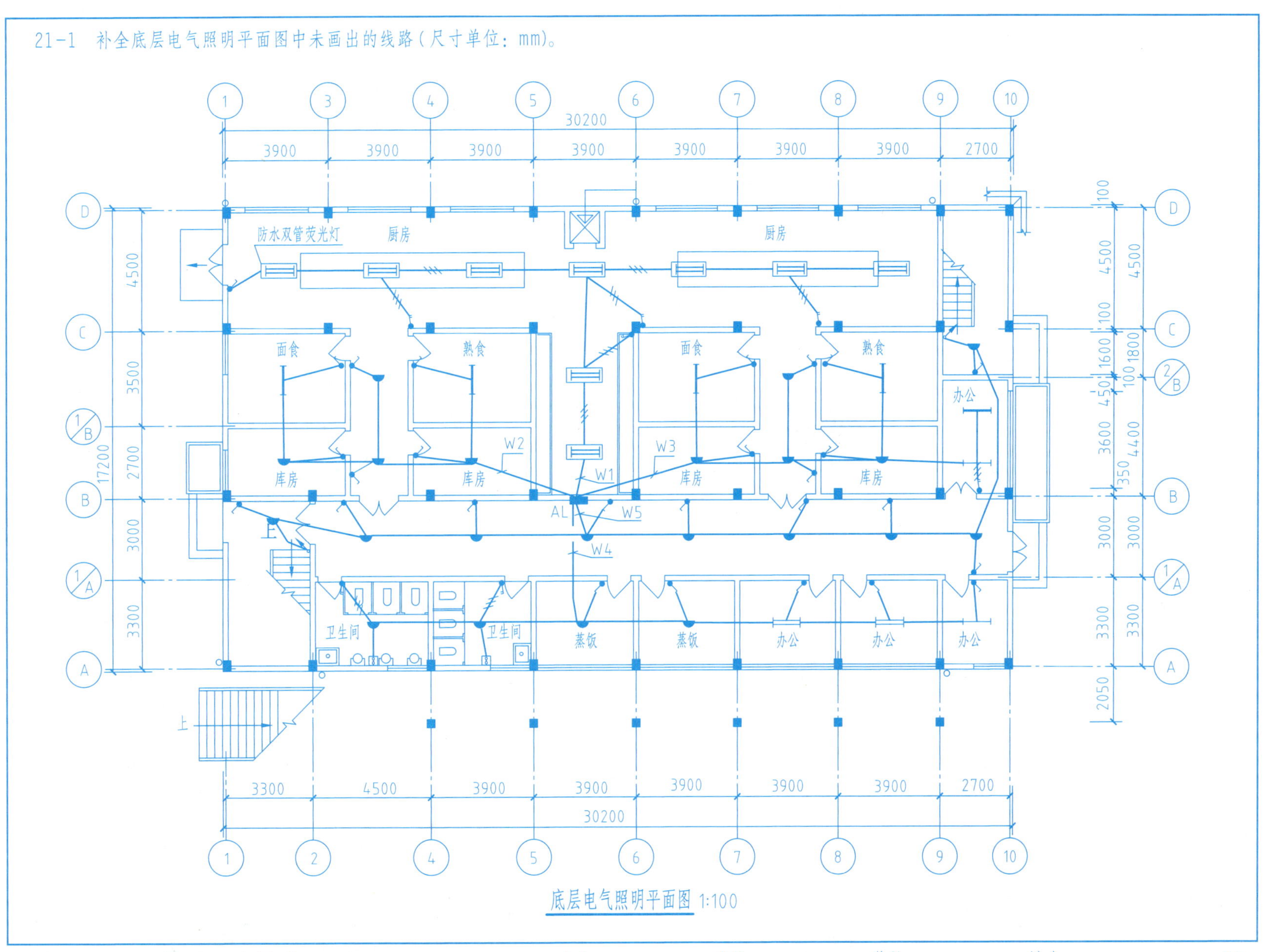

底层电气照明平面图 1:100

21-2 抄绘入户分箱系统图并回答问题。

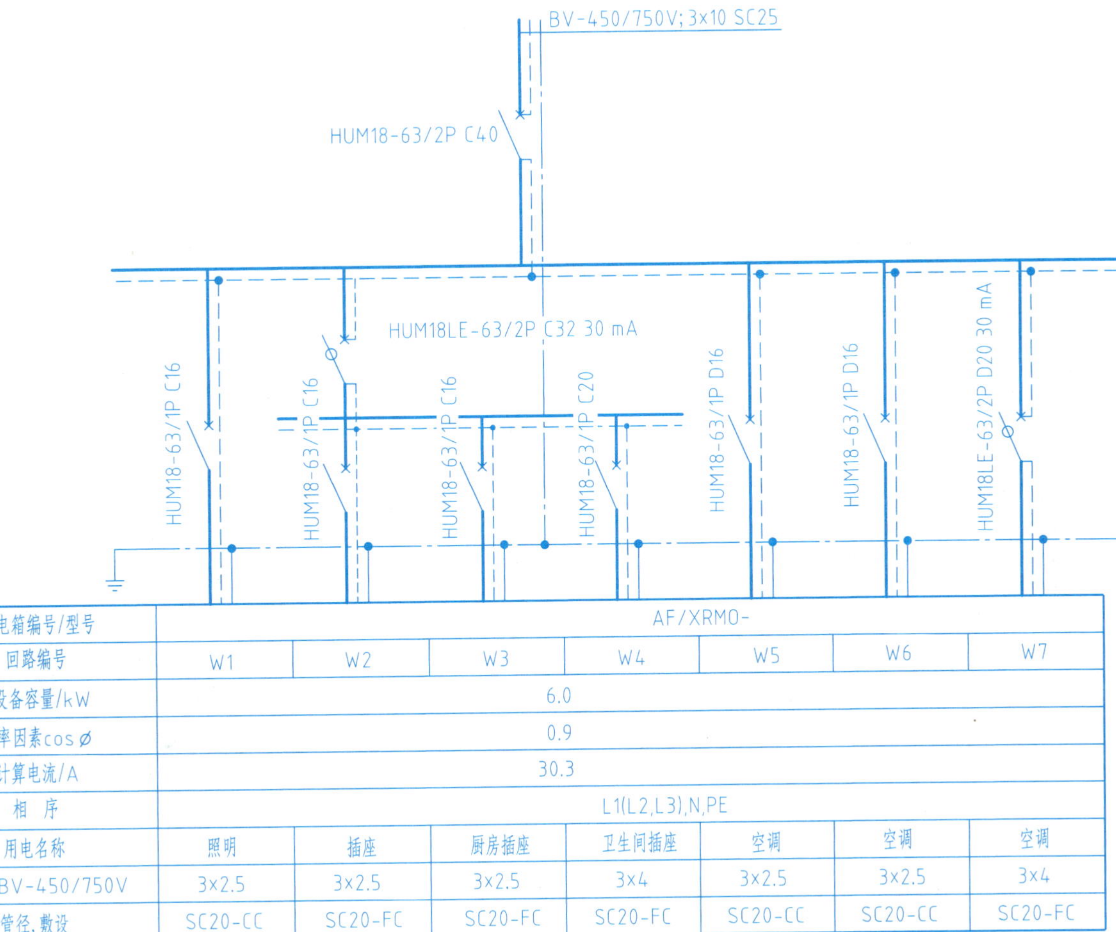

配电箱编号/型号	AF/XRMO-						
回路编号	W1	W2	W3	W4	W5	W6	W7
设备容量/kW	6.0						
功率因素cos ø	0.9						
计算电流/A	30.3						
相　序	L1(L2,L3),N,PE						
用电名称	照明	插座	厨房插座	卫生间插座	空调	空调	空调
导线BV-450/750V	3x2.5	3x2.5	3x2.5	3x4	3x2.5	3x2.5	3x4
管径,敷设	SC20-CC	SC20-FC	SC20-FC	SC20-FC	SC20-CC	SC20-CC	SC20-FC

从图中可以看出有_______个回路分别供给____________________________,每户设备容量__________,功率因素__________,计算电流__________。分箱配电箱内的设备有__________,HUM18-63/1P C16表示单相空开一个,整定值为16 A。